开明设计

曾群 著

中国建筑工业出版社

序 一
PREFACE 1

文 / 郑时龄　Zheng Shiling

　　案头放置着曾群建筑师的书稿《开明设计》，有先读为快的感觉。"开明设计"是一个新概念，我理解这是建筑师在某种程度上的宣言。我请教曾群，什么是"开明设计"，他认为"开明设计"是对待建筑设计的一种开放态度或策略，思考建筑与现实之间共存的真实性关系，与自然、场地、文脉以及使用者的对话。按照我的解读，开明设计是开放型的建筑思想和理性的设计方法，并非以不变应万变的设计，而是顺应功能、地域和文化及地理环境，探索当代中国建筑的深层次问题，保持建筑的自主性和批判性，探索建筑的内省价值。由此，作者的一系列作品形成了特有的建筑风格。

　　认识曾群是由于北京钓鱼台国宾馆芳菲苑的设计，2002 年，设计院的丁洁民院长让我代表设计院向当时的外交部长唐家璇汇报同济大学建筑设计研究院的三个设计方案，唐家璇从中选择了两个方案交予主管外事的副总理定夺，最终选择了曾群的方案。这座建筑的重要性和复杂性不言而喻，设计以及项目的实施让建筑师充分地展现了才华，表明了他处理复杂环境和各种制约因素的综合能力，也让曾群开始思考当代中国建筑风格和建筑技术的一些深层次问题。钓鱼台国宾馆芳菲苑的设计可以说是曾群建筑师职业生涯的里程碑。

　　109 名当代世界著名建筑师和学者在 2003 年回应荷兰贝尔拉格学院什么是具有创造性的建筑师这一问题时，大部分建筑师都认为一名具有创造性的建筑师应当是开辟新的方式去实现设计并以其作品影响城市，创造性是复杂性的高水平展现。创造性意味着现代技术条件下的研究、原创和实践，创造在于激发新的文化体验，创造也在于挑战传统空间、创造新的空间。

　　纵观曾群从业 30 年来的创作道路，我们可以发现，他具有扎实的设计功底，坚持自己的设计理念，执着于追求某些建筑类型的完美，尤其是文化类公共建筑的理想，融职业建筑师、研究生导师、工程师、领导者和艺术家于一身，具有一名创造性的建筑师必须具备的基本素质。

　　明代画家董其昌指出创新的重要性，以及创新的思想。他主张"学古而知变"，在继承中创新：

　　"取人所未用之辞，舍人所已用之辞。取人所未谈之理，舍人所已谈之理。取人所未布之格，舍人所已布之格。取其新，舍其旧。不废辞，却不用陈辞。"

建筑师是一个特殊的人群，既需要通晓历史，也需要关注当下，同时还需要预见未来。正如法国 16 世纪的建筑师和建筑理论家德·洛尔姆在《建筑学基础》一书中所形象地描述的：好建筑师有四只手、四个耳朵和三只眼睛，一只眼睛展望历史，一只眼睛观察并评价当下的世界，用第三只眼睛预见未来。

事实上，建筑师必须预见未来，因为作品的生命是无限的。建筑师永远会面对新的任务、新的问题、新的技术、新的材料和新的环境、新的使用者，永远以创造去应对，核心问题在于以什么态度和方法去创造，如何体现建筑师的原创能力。一名具有创造性的建筑师需要通过作品表达自己的建筑理想和设计思想，建筑师创造了作品，作品也成就了建筑师，优秀的作品是安全、坚固、实用、优美的。作为依托高校的建筑设计院，其作品要求具有实验性和先锋性，从而也对建筑师提出了更高的要求。

曾群把握了这个时代和上海这座城市赋予他的责任，2010 年上海世博会为中国建筑师提供了创造的机遇，尽管当时的呼声是让世界一流建筑师创造世界一流建筑，中国建筑师需要与世界建筑师同台竞争。曾群在世博会主题馆的全球竞争者中脱颖而出，展现了中国建筑师的国际水平，为城市留下了永久的地标，也使他一举成名。

曾群的建筑作品主要集中在展览馆、会展中心、博物馆、美术馆、档案馆、学校建筑、办公建筑等公共建筑的领域，最为难能可贵的是他敢于班门弄斧，在同济大学众多建筑师和众多建筑专业教授门前竖立了许多建筑，包括同济设计院大楼和同济大学好几所学院的建筑。作为一名中生代建筑师，曾群有大量具有创造性的优秀作品问世。《开明设计》一书汇集了曾群的主要作品，展示了他的成长历程和创作道路。读《开明设计》一方面可以学习建筑，另一方面也是在欣赏艺术作品。

2023 年 2 月 12 日

郑时龄　中国科学院院士，同济大学教授，同济大学建筑历史与理论博士，意大利罗马大学名誉博士，法国建筑科学院院士，美国建筑师学会名誉资深会员。

序 二
PREFACE 2

文 / 崔愷　Cui Kai

　　开明设计，当曾群把他书稿的名字告诉我时似乎还有些犹豫，而我却一下喜欢上这个词儿了。

　　开明，在辞典上的定义是"从野蛮进化到文明"，我想也可以理解为开拓和文明两个词的组合。

　　用开明形容一个城市，在中国大概非上海莫属了。作为最早开埠的口岸城市，在中原内陆还处于贫饥落魄的时代，上海的十里洋场已是一片繁荣，那个时代留下的外滩建筑群很久以来就是上海的象征，标志出这个城市开明的历史。

　　用开明形容一个地方的民风，大约也可以说就是上海人了。精明、讲究的背后是视野的开放，对新事物的敏感以及善于对新知识的学习，并以此自得，甚至喜欢有几分炫耀。我这个北方佬从早年为听不懂上海话而嫉愤到对上海同行精道的钦佩也经过了一个长久的认识过程。记得有一次和我们上海分公司的小同事们座谈时还专门提到：要想在上海做好设计就一定要学习做一个上海人，学习开明的态度！

　　的确，用开明来形容一派建筑和一个建筑师群体的话，海派建筑和上海的优秀建筑师群体也是恰如其分的。改革开放四十多年来，每个时期上海的建筑创作出新也似乎都走在全国建筑的前面，上海的建筑市场向国际的开放度也是最高的，许多在理念上、技术上、美学上的创新作品都来自中外合作设计。而随之而起的一代上海的建筑师也在这开明的城市环境中成长起来，他们的名字也为行业所熟知，颇具影响。从浦东新区的建设到浦西城市的更新，从石库门历史街区的保护到工业遗产的再生利用，从老外滩步行道的扩展到黄埔滨江景观带的形成，从陆家嘴超高层办公楼群到苏州河高层住宅片区，从万人体育馆到机铁联运的虹桥枢纽，从智慧城市规划和管理到数字建造的新技术发展，几乎每个城市建设的方向上海的工程都传达出新的理念、新的状态和新的品质，的的确确在全国起到了引领作用。不保守、敢创新、持续的进步、从容的开放，不仅让上海人充满了自信，也是国内外国人最喜欢栖居的城市，国际影响力和经济规模已然排在世界大都市的前列。

　　在这样的城市发展背景下成长起来的建筑师无疑是幸运的，而曾群总建筑师无疑是这一批幸运的上海优秀知名建筑师中的佼佼者之一。我最早关注到曾总的创作是同济大学建筑设计院的办公楼，他巧妙地将校门外的一个立体公交楼改扩建为一座颇有设计感和体验性的设计楼，舒展的大平面，开敞的首层大厅，灵动的铜幕墙报告厅，惊艳的素白内庭景观，尤其是背后那条保留下来的长长的汽车坡道可以让老总们把车开到办公室门口，真是让人羡慕不已，太牛了！另外在这个建筑作品中我也可以看到许多新技术的应用和高品质的完成度，真可以说是国内大（设计）院办公楼的旗舰之作！由此我便格外关注曾总的设计了。接下来他在 2010 年上海世博会主题馆的设计中也让人感到耳目一新，说实话那时我也参加了世博会中国馆的竞赛，在传统形式的创新中纠结和徘徊之后，一看到主题馆简洁大气的形体，大尺度、单元化折面屋顶和幕墙形成的鲜明节奏，以及散布在墙板上大大小小的方形肌理轻盈而飘洒，透出了满满的自信和潇洒，让我一下子感悟到在国际交流的语境中，说"普通话"比说"方言"更利于表现出开明的态度，交流的愿望和可以被理解和分享的智慧。我还去参观过曾总早些年设计的北京钓鱼台国宾馆芳菲苑，在前辈建筑师营造的园林式外交建筑的模式和风貌中，如何拓展新的设计思路，不仅是为了满足新的功能，也是考验这一代建筑师的创新精神和拿捏分寸的功力。显然曾总的设计达到了这个水平，从入口门廊的位置退隐到适宜尺度的控制，从内部空间的组合布局到内外庭院的对位和借景，以及整个体量的控制和分解收缩，低调含蓄，藏而不露，充分尊重了钓鱼台既有园林格局的特征：小众、静谧、典雅、尊贵。唯有南侧面对大草坪的大宴会厅表现出开放、明快，室内外空间的一体化延伸，表现出时代的气息，也很符合国际交流的语境氛围。这么多年过去了，这里仍然是钓鱼台国宾馆内使用最多的主体建筑，被各方赞誉，无疑是一个传承与创新的成功之作。拿到曾总的作品集书稿，又看到了他这些年完成的系列优秀作品，虽然大部分没有现场去体验过，但也曾在学术刊物上学习过，都留下了较深的印象。我认为曾总经过二三十年来的创作实践探索，已经形成了自己的风格或特点，他总是关注项目的功能和空间的创新性耦合的关系，总是试图用最有力度、最准确的空间构成手法去系统地解决各类问题，总是探索从空间到结构以及界面形态一体化的技术策略，呈现出有逻辑的、清晰的、具有几何美学特征的设计品质，并有利于保证建造的水准和高完成度，是高质量建筑创作的范例，令我钦佩和欣赏！

由曾总的作品阅读我还是联想到"开明"这个词。一般说建筑承载着人们的生活，也影响着人们的认知和行为。社会文明的进步，技术的发展会带来和促进建筑的进步，反过来，建筑也多少会影响一群人、一个地方、一个城市的社会文明气象。从历史的角度看，建筑总会记录下一个时代文化的呈现。改革开放，带来建筑界的开放、文明进步，而当今开明的建筑也代表了这个时代的开明。我设想无论在什么地方遇到曾总的作品，那种开明设计所散发出来的清新脱俗的气息一定让人们感觉到追求创新和文明的氛围，这一点我想是肯定的，建筑引领时尚之风也是当下社会的共识。但为什么还要去强调这一点呢？我想也许是因为近几年来，在经济转型、国际关系逆全球化和矛盾冲突不断的大背景下，国内建筑创作中也出现了一些不同的现象，其表达出来的美学取向和隐含的意识形态似乎很难与"开明"一词相关，这让业界同仁们多少都有些困惑和迷茫。但我想越在这个时候，越应该倡导开明设计，越应该坚持建筑的进步和创新，这不仅符合高质量发展的国家战略方针，也是中国建筑文化向前不断发展的需要，不要徘徊，不要倒退！

借此机会，向曾群总建筑师坚持开明设计的探索和创新的成果深表祝贺！向上海的优秀建筑师群体所代表和引领的建筑开明之路表示敬意！愿开明之路越走越宽，通向远方！

2023 年 3 月 4 日于北京

崔　愷　中国工程院院士，国家勘察设计大师，中国建筑学会副理事长，中国建筑设计研究院有限公司名誉院长、总建筑师，本土设计研究中心主任。

平衡、稳定、开明
THE STEADY GENIUS OF ZENG QUN

文 / 迈克尔·斯皮克斯 Michael Speaks　　译 / 王飞 Wang Fei

在 2010 年上海世博会主题馆建成之前，建筑师曾群已经完成了许多重要的项目。然而，正是通过这个项目，许多中国以外的人第一次意识到了这位伟大建筑师的作品。就像两年前北京奥运会的开幕一样，上海世博会 2010 年与许多著名博览会一样——伦敦的水晶宫（1851 年）、巴黎的埃菲尔铁塔（1889 年）、大阪的"大屋顶"（1970 年）——向世界展示了各界东道国的城市和国家，以及在科技和建筑艺术方面的许多创新。然而，与北京奥运会和中国塑造世界观的许多过分热情的建筑不同，以及上海世博会 2010 年的许多其他展馆不同，曾群的主题馆为中国建筑乃至中国以及世界的公共建筑树立了新的标杆。而这本专著的名称和内容清楚地指出了当时和现在这一新标杆的核心：开明设计。

曾群在 2010 年后完成的许多杰出建筑清楚地表明，他的方法并不是基于一种风格，而是采用一种对社会和城市采取平衡的方式，试图将城市生活的复杂和有时混乱的流动转化为有组织、人性化和社会丰富的体验。并且这些项目始终理解这些流动本身就是更大、自然秩序的一部分。曾群利用简单而有力的几何形式，让人想起上海独特的小巷和屋顶线条，为上海馆设计了一个世博会场馆，供来自世界各地的访客使用，然后再作为上海居民使用的公共展览和交流空间。这座建筑很好地说明了开明设计能够实现的目标，它平衡了美学和功能需求、技术和自然可持续系统，并将未来主义的建筑特点与当地建筑和城市设计特色结合起来。曾群还揭示了最基本的建筑方法——将建筑视为由相互连接的框架组成的简单构图——可以产生符合公众利益的结果，同时也表达了公众的愿景："城市，让生活更美好。"

在每个后续项目中，曾群都添加了新的设计和务实的亮点，但他始终保持着相同的开明设计方法，这种方法从长沙国际会展中心的超大规模到郑州美术馆新馆、档案史志馆的中等规模，再到同济大学、上海交通大学等的多座高校建筑以及中小学和幼儿园建筑、城市再生和其他小尺度项目的亲密规模，都能完美地适应。从 2010 年上海世博会主题馆开始，贯穿他的所有项目，曾群不仅发展了这种开明设计方法，而且他在所有自己的设计中都体现了这种方法。当许多建筑和设计界追随潮流、时尚和风格时，曾群保持了同样稳定、开明的方向，并随着时间的推移证明了他自己设计的重要性以及中国设计和建筑的重要性。他的天赋是罕见而特殊的，可能一代人只有一次，这种天才不仅体现在一个或两个项目的形状、形式或材料中，而是只有通过时间才能理解。

2023 年 5 月

迈克尔·斯皮克斯　博士，美国雪城大学建筑学院院长和教授，著名建筑理论家、历史学家、教育家。

迈向开明设计：曾群和他的建筑实践

TOWARDS KAIMING DESIGN: ZENG QUN AND HIS ARCHITECTURAL PRACTICE

文 / 李翔宁　Li Xiangning

当代中国的建筑师们需要时时刻刻面临的一个挑战，就是在当下如何阐释和解读中国建筑文化传统，并给予创造性的全新演绎和呈现。当代中国的建筑师们经历了全球建筑文化的现代性洗礼，从柯布、阿尔托、路易·康到西扎，而建筑师们的设计策略也与来自西方现代主义之后形形色色的风格发生着嫁接与碰撞。毋庸置疑，有些建筑师追求着建筑形态的新颖、刺激和吸引眼球的效应，创造着视觉的奇观，甚至把流量作为建筑成功的要义；也有的固守传统的准绳，抱残守缺，缺乏迈开创新步伐的勇气。如何在这样的不同道路中间，找到适合中国当代建筑的一条有生命力和潜力的路线，并呼应地域与场所特征的挑战，创造出契合当代文化气质和地域场所特征的建筑风格与空间策略，就成为一个有思考的建筑实践者孜孜以求的目标。

近 20 年来，越来越多长于建筑思考的建筑师无疑构成了当代中国建筑实践现场中相当活跃和影响力渐增的一股力量。他们中既有小型独立的建筑师事务所，更有在大型设计院系统中的创作工作室团队，他们共同定义了 1949 年以来中国城市发展与建筑形貌。然而纵观当代中国建筑近四十年来的走向，无论是领衔国家级工程或是积极介入当代中国规模空前的城市化进程，大型设计院依然扮演了具有决定性作用的角色，他们完备的技术体系的支撑使得其中一些创作型的工作室在新颖的构思之外更具有了成熟深入的完成度。面对纷繁流变的设计思潮，他们开始在守成与出新之间探索一种具有回应性而又非亦步亦趋地简单跟随市场和社会脉动的实践立场。曾群无疑是这一批建筑师中具有代表性的一员。

1993 年在同济大学建筑与城市规划学院完成硕士研究生学业后，曾群便在同济大学建筑设计研究院开启了他的职业生涯。中国城市化进程的建设热潮，令曾群很快在实践中迅速成长，而对当代中国城市发展的复杂性与生动性之反思，令他在同时代建筑师中塑成了不拘泥于个人风格却又能在跨越尺度、地域和功能的不同项目中一以贯之的思想内核。

于同济接受了本科与研究生的建筑学训练，曾群在建筑形式与空间处理上无疑具有鲜明的"同济"特征，既在语言上是完全现代的，又基于清晰的设计逻辑而展开。这意味着建筑一方面是理性的，它回应源自外部的诸多限制条件，但另一方面则依然追求自身特征的表达。在南京东路的局促场地中，曾群的代表作品上海棋院的狭长体量是建筑高度控制线、场地边界、日照要求以及与周边里弄的关系等设计条件共同作用的结果。建筑借助如棋盘般虚实相间的抽象化立面，在喧嚣的南京东路街区中，获得了沉静、内敛的自主性。在将原巴士一汽四平停车库改造为同济大学建筑设计院办公大楼的过程中，基础设施的巨大尺度通过内院的置入、垂直核心筒的布置、行为与事件的巧妙穿插等一系列空间操作，令此前匀质的混凝土框架结构成了一个具有城市性的多元空间。如果说作为停车库的基础设施空间是乏味而单调的，那么改造则赋予了既有结构以新的空间和使用可能性。或许正因为同时顾及了内与外两方面，很难在曾群的作品中发现明确的风格一致性。而这种策略向不同的具体问题开放、不拘泥于连贯始终的形式口味，仔细体会其隐藏于空间操作之后的设计逻辑，却正成了理解其思维模式的内在连续性。

　　对于设计逻辑而非风格的追随，使得曾群的实践适当远离令人炫目的视觉形式，而致力于通过建筑学的方式来应对具体语境中的问题。曾群往年参与了诸多具有重大意义甚至是纪念性项目的设计，然而，无论钓鱼台国宾馆芳菲苑或是2010年上海世博会主题馆等，项目意义的标志性并未被直白地转换成一种图像化的建筑视觉标志性，而依然致力于通过现代而简洁的建筑语言，来对"标志性"形成新的解答。由此，芳菲苑探索了基于新的材料与建造系统的"大挑檐"之表达，而世博会主题馆则以一种含蓄的姿态，通过"第五立面"的折叠处理，既化解了屋顶的巨大尺度，为城市构成一处独特的风景，同时又满足了建筑内部的天光需求。面对当代中国建筑实践尤其是标志性建筑设计中求新求异的倾向，曾群的探索无疑呈现了另一种的可能。正如曾群曾多次指出，大建筑仍需要有"小"的策略，对于逻辑与理性的注重令其的建筑实践往往即便在超大的规模中，依然能发现关于空间细节、建构逻辑与构造细部的悉心考虑。

　　与此同时，如何应对不同尺度与规模的设计命题的挑战，始终是曾群的建筑实践无法回避的关键议题。如何挖掘尺度之量变引发的空间之质变的新潜能，是中国乃至全球当代建筑师均致力于、也必须回应的议题。无论是基于项目功能计划要求动辄上万平方米的会展中心建筑，或是主动探索尺度之潜能的苏州山峰学校等项目，曾群的实践均基于当代中国和大院实践的双重语境探索着这一当代建筑设计议题的回应策略。在新近完成的苏州山峰学校中，曾群主动将所有的教学班级纳入长约200m的建筑体量中，通过空间容纳性和共享性的最大化，来构成一处师生交流得以发生的空间框架，并保持向城市空间和市民开放的姿态。在另一种尺度上，面对小建筑，曾群依然会通过大建筑的做法，塑造更为丰富的空间体验。在西岸瓷堂这处面积仅300m²的小房子中，通过空间、材料以及内部庭院的塑造，既呼应了上海西岸工业场址的历史记忆，又在当时仍显空旷的滨江空间中创造出一处内向、宜人的场所。

更进一步地，介入当代中国城市化进程的大规模建造，是大院建筑师的重要使命。在这层意义上，曾群并非一个个体，而是一个涉及建筑、结构、设备等多个专业的庞大团队的引领者。多专业的综合协作能力以及资源调配能力，无疑构成了建筑作品完成质量的保证，同时也为基于建筑体系的设计创新带来了新的机遇与更大的能动性。在左权莲花岩民歌汇剧场以及同济大学、上海交通大学的若干校园建筑项目中，正是专业团队的支撑，使得建筑师得以或是挑战规则的定义，或是在更早的阶段介入项目，对功能计划或建筑选址进行建议。由此，当中国城市化之不确定性往往被视为弊端之时，它也为建筑及建筑师能够扮演的角色带来另一种可能性。而条件转换的关键，无疑取决于建筑师的实践态度。

围绕尺度和规模的主动探索，显露出"当下"之于曾群的重要性。当西方语境下的"先锋"建筑师往往被描述为"当下"的叛逆者之时，对于曾群来说，"当下"既是基石，也是起点。它构成了设计无法脱离和割舍的条件与状况，但又同时需要对其不断审视和反思。曾群将他的设计态度描述为"开明"，或许这也正是他在面对尺度、规模、不确定性等诸多往往被视为当代中国建筑之弊端条件时，依然能够顺势而为、反显其潜力的原因所在。然而，这里的顺势而为并非是绝对实用主义的，而是建立在一种对于"自我"之坚持和对现实的批判性回应的基础之上。"自我"既是建筑层面上的本体之表达，即对于空间与建造逻辑的清晰性的关注，亦可在更大的层面上被理解为曾群实践中持之以恒体现的开放而平和的态度。而正是后者，令曾群能够在处理当代中国建筑的独特与普适问题之时，形成一个兼具建设性和开放性的回应。

　　曾群的实践植根于现代建筑的语言和传统，并在气质上暗合着以上海和长三角地区为代表的当代中国的一种开明理性、务实内敛、兼收并蓄的气质。刚刚获得普利兹克建筑奖的英国建筑大师 David Chipperfield 的作品特征即是以平和内敛、理性开放的姿态对待每一个建筑的场所、呼应每一个地方的文脉。他在上海的几件作品也契合着这样的精神：一方面坚守现代主义的理性逻辑，另一方面呼应着上海这座城市的文化特征。曾群也正像上海这座城市一样，以成熟的文化厚度和开放包容的心态，通过建筑的实践表达着对时代和地域特征的回应，塑造着一种开明的设计观。

2023 年 3 月 23 日

李翔宁　同济大学建筑与城市规划学院院长，教授、博士生导师，长江学者特聘教授。知名建筑理论家、评论家和策展人，哈佛大学客座教授。

前言 FOREWORD

开明设计
KAIMING DESIGN

文 / 曾群 Zeng Qun

四十多年以来，中国取得了令世人瞩目的巨大发展，社会发生了空前的变化。尤其是进入到 21 世纪，在全球化的资本流动、巨量的财富积累、资源的不断消耗、技术特别是信息技术的迅猛发展的背景下，身处其中的我们面对着一个更加纷繁复杂和急剧变化的世界。与此同时，建筑也似乎进入一个一切皆有可能的年代，古老的建筑学在这片土地上再一次需要直面最为复杂的当代现实，中国城市的巨变，或许只有一百多年前工业革命后期现代主义建筑的崛起，以及"二战"之后西方城市的迅猛发展可以比拟。改变令人瞠目和惊叹，但并非尽如人意，赞美和批判者各执一词争辩不休。面对这种眼花缭乱的现实，建筑师和建筑学都遭遇了某种困惑和疑虑，我们该如何应对，成为建筑学最基本的议题。

一方面，自维特鲁威以来，建筑学一直被赋予独特的内核，无论是"实用、坚固、美观"的建筑三要素，还是森佩尔"建筑四要素"都在不断探究建筑本体的意义，这也是建筑学得以传承数千年的基石。另一方面，建筑从来就不是独立存在的，经典建筑学理论建立了一个普适性的专业话语，它在传达建筑学本体价值的同时，与外部现实互动关系的探索，同样是建筑学核心价值的一体两面。尤其在当下中国，建筑学和这样一个特定的现实语境发生了强烈的碰撞，也是这一古老学科遭遇的新的挑战，就如同我们谈论"当代性"一样，所谓的"中国性"同样是一个绕不开的话题，而"中国性"不是狭义的传统和文化概念，在笔者看来更是"中国现实"的真实性。现实是存在，是建筑师不可逃避、需要直面的，中国现实复杂、多元、生动，精彩纷呈又不尽完美，蕴含着无限的可能性，这正是它的魅力所在。现实即力量，建筑师需要把握好当下中国的现实图景，从中汲取营养和灵感，发掘其巨大的潜能，从而激发建筑学更多的创造力。正如库哈斯面对当代城市现实所说的："正由于失控，城市将成为想象力的主要源泉，重新定义之后，城市很大程度上，不再仅仅是一种专业，而是一种思维方式，一种意识形态，接受现实存在。"

需要说明的是，对现实的关注并不是简单意义上的追寻现实主义，更不是实用主义。如何应对这一命题，在多年的实践中，笔者逐渐找寻到"开明设计"这一词语作为观察的起点，以此来思考建筑和现实之间的关系，并且作为一种策略性工具来从事实践。在这里，"开明设计"不是风格或类型的描述，也不是一种勉强的理论，它指向的是建筑和现实之间共存的真实性状态。从语义上来说，开明是一种互为行为，它需要和建筑所在的背景和周边保持沟通和对话，比如场地、文脉、自然和使用者等，但开明又不仅是简单的开放，不是迎合和顺从，它同时需要保持建筑本体的自主性和独立价值的存在。建筑师需要对外界保持关注，但同时也要保持一种内省的距离，既要开放又要克制，要拥抱世界，但也不能被裹挟。对现实进行批判性理解并坚持建筑学意义上的探索，是我们秉承的理念，不管在实践中这些项目的地域、规模、功能、背景差别巨大，笔者一直基于这条思考的脉络来对待设计，即建筑作为现实存在的关联性和建筑作为本体的自主性。这是两种不同但并行的理解建筑的方式，它们紧密配合，构成建筑学的基本内涵，笔者称之为"开明设计"。在这里，笔者之所以不敢贸然用"开明设计学"来定义，固然是远未达到的理论高度的总结，还有就是觉得这种抽象的概念从自身来说容易囿于某一言语框架，与开明的理念多少有点自我排斥。笔者认为开明设计在概念表达和实践操作两方面都应有充分的余地和弹

左：钓鱼台国宾馆芳菲苑；右：2010 年上海世博会主题馆

性，它应该是真实的、客观的、中性的，这也是笔者将"开明"的英文译为"Kaiming"，而不是"Enlighten"等的缘由，在笔者看来，这更准确地阐释了"开明"这一词汇本身带有的中国性语义和当代性表达。

开明设计是一种策略，也是一种态度。在操作层面，我们致力于将建筑置于现实存在的背景之中，通过发掘建筑本体与外界之间的内在联系，从而获得设计的出发点。在建筑设计实践过程中，我们常常关注几个重要的议题，一是建筑的时间性，这是关于传统、文化、地域或时代等重要话题。我们认为建筑的历史和传统不是线性的生物进化论的图谱，不是风格或形式的年代演化和递进，建筑的时间性是动态和延续的，包含和叠加了不同时期的信息和片段。在设计中我们刻意与图像化的文化符号和形式保持距离，致力寻找时间性在当下的表达和诠释。对于时间性的理解，我们警惕两种倾向。一是重现和追忆怀旧式的历史图景，二是强调当代对过去的取代和更替，关注时间因素在建筑中的拼贴层叠与并置的状态，关注历史和当下的互相依存和共生的关系，这是我们对于建筑学中文化意义的当代性的解读。

我们关注的另一个议题是"现场"。和时间一样，现场是建筑在空间维度的又一重要概念。在这里，

左：同济大学艺术与传媒学院；右：苏州山峰双语学校／苏州山峰幼儿园

现场不仅是传统含义的基地、场地，也不仅是抽象意义的场所，现场包涵更丰富的人和场地互动的含义。除了基本的基地特征外，更重要的是人在场地的体验和感受，人们需要预判建筑对场地带来的影响，想象新的场地建立后未来状态的可能性，现场一词具有更多的行为和思考因素，我们可以归纳为场地的可能性，"发现现场"也是开明设计所探索的意义。实践中，我们常常会把场地描述为"核心""边界""边缘"等状态，而现场的感受常常会有"拒绝""融洽""陌生"等表达，这种带有主观意向的词语表达了人在场的体悟，实际上正是建筑和场地的关系阐释。比如在同济大学艺术与传媒学院的实践中，建筑之于场地就被描述为"不速之客"，正是借此认识，为设计带来了最初的启示。

还有一个议题也是我们密切关注的，就是"尺度"，准确一点来说，是关注建筑在"数量"范畴的特性，以及这种特性带给建筑学意义上的思考。尺度是建筑学的基本问题，"大""长""高"包括"密度"都在讨论的话题之中。我们关注的是尺度，特别是不寻常的尺度成为思考设计的出发点时，建筑学会展现什么可能性。一方面，它会带来功能、空间、形式基本属性的重新定义，另一方面，它更在建筑的社会性议题中得到深入而有益的讨论。在一些实践中，我们有机会，也有意识的探讨"超大""超长"或"高密度"等在建筑设计中的可能性，由此带来的关于城市、社会和人本等跨越建筑学领域的思索。比如，我们在巴士一汽改造和苏州山峰学校教学楼中对"大"和"长"的关注，展示了我们这一思考的价值。

最后，对笔者来说有必要提及的是建筑师的角色话题，多年来，笔者作为一位大院的建筑师，一直在一线从事设计工作，也是一名行政和设计管理者，领导一支全工种的设计团队，同时又在建筑学院担任研究生导师，从事着不多但非常有益的教育工作。这种角色的叠加使自己获得一个模糊但有趣的身份，笔者时常需要以不同的伦理身份应对不同的在场，同时更有意义的是可以用不同的角色来观察外界，更重要的是观察自己，建筑师、技术人员、管理者和老师，不同的身份使自己有一个冷静、批评或包容的视野来看待对方，很多情形下，笔者更喜欢这种身在"边缘"的旁观状态，它使人具有更多的自我审视和反思的意识，这种状态或许也是开明设计所赞许的状态。

目 录
CONTENTS

当我们在谈论传统、文脉、日常、记忆等概念的时候，我们实际上在谈论建筑学一个永恒的议题——时间。美国艺术史学家乔治·库布勒在他的著作《时间的形状》(The shape of time:Remarks on the History of things) 中写道："现在产生的所有东西要么是不久前的一个复制品，要么是变种，可以连续无间断的追溯到人类时代的第一个早晨。"库布勒批判了以风格、流派作为线索的艺术史研究。他认为艺术不是风格迭代的生物进化式发展，艺术品是叠加了各种不同时间碎片、基因和信息的东西。建筑同样如此，建筑所涉及的"传统"是对某种特定形式语言的描摹？或是对象征符号的再现？或是某种历史文脉的重写？在我看来，这些都不足以展现建筑在"时间"这一语义上的深厚内涵，建筑应该是复合的、包容的，是对过去、现代以及未来的一种包容，在时间上展示他的开明。从这个含义上来说，建筑既是永恒的，也是瞬时的，更重要的是当下的。建筑需要在不同场所和不同语境中呈现对于历史、传统等的多义性表达，我姑称之为"包容的时间"。

这里展示的几个实践，涵盖了不同类型、不同地域和不同文脉背景。在诠释"传统"或"历史"这一"时间"的概念的过程中，笔者根据不同项目试图从不同角度和语境来探索"时间"这一概念的当代性表达。设计从诸如集体记忆、仪式场所、空间考古、自然建造、反思空间等多种不同的视角着眼，来对建筑的空间和形式进行当代性的探索。这种探索试图与图像化的符号保持着谨慎的距离，同时在功能再造、建构方式、材料运用等方面展示了创新的策略。笔者力图以一种开明且克制的态度来对待历史这一时间命题，将过去和现在进行更好地联结，从而传达出时间在当下表征下的新的含义。

联结
CONNECTION

/

历史的现在
CONNECTIONS BETWEEN HISTORY & THE PRESENT

采 访
INTERVIEW

Q 莫万莉　Mo Wanli　×　**A** 曾群　Zeng Qun

Q　在谈及您的创作实践时，印象中似乎通常会与当代性相联系，而不太会用"历史的"或是"传统的"去描述，这是否源自您在实践过程中一种有意识的选择呢？

A　确实，可以说从较早的钓鱼台国宾馆芳菲苑开始，便在朦胧之中逐渐形成了一种有意识的选择。在读书的时候，后现代主义建筑正大行其道。虽然起初它确实重新引发了我们对于文脉和历史的关注，但很快便产生了一种"异化"，也就是说建筑语境中的后现代主义和其他领域的后现代主义思潮逐渐趋异，而将"历史"演绎为一种符号的构建，尤其在当时中国的语境下，甚至我们今天还可以在流行的诸如"新江南"等商业建筑风格中发现这种"异化"了的后现代主义的影子。我的实践对这种做法保持克制审慎的态度，试图通过建造的方式，用当下的材料和做法去阐释"历史"或是"传统"。芳菲苑便挑战了当时"大屋顶"的琉璃瓦普遍做法，尝试采用更为轻盈的铝板材料来传达屋顶的意象。

　　这种有意识的选择逐渐在之后的作品中延续下来。固然这一方面因为我的实践更多涉及诸如尺度、密度、不确定性等当代建筑的议题，但另一方面，即便在面对"历史"或"传统"之时，我依然试图传达出一种开明的态度，以当下的视角来回应"历史"与"传统"，令建筑在时间维度上展示它的开明。

Q　对于"历史"与"传统"的关注也显示在您将这一主题作为本书的第一部分上。刚刚已经谈及若干个涉及时间之绵延的概念：历史、传统、当代以及时间本身。您是如何理解这些概念互相之间的关联的呢？

A　我理解的"历史"是一种延续的时间。过去的时间，对于现在来说是历史的，而现在的时间，对于未来则亦是历史的。我们无法把过去的历史简单地视为现在，否则既无法面对过去，也不能面对未来。由此在我看来，当代性在本质上也具有一种时间性，它可以有过去的延续，但也须是现代的事物。时间性与历史具有一种叠加关系，而非处于一种进化的状态。我们谈及艺术史之时，会提到风格的进化。但时间性并非如此。现在的事物可能包含于过去之中，也可能存在于未来，甚至现在的、当下的事物也包含着未来。这种叠加的状态构成了我对于"时间"以及其他相关概念的理解基础，也是时间维度上开明设计的一个重要前提条件。

Q　前面已简略提到了钓鱼台国宾馆芳菲苑。这可以说是一个非常特殊而极具挑战的项目，能具体展开讲讲当时是如何考虑基于一种当代的态度来阐释"传统"的呢？

A　刚刚提到了如何从建造的角度而非符号或是图像的角度来理解"传统"，芳菲苑便是一次尝试。最初，当我提出采用创新的材料处理来重新阐释屋顶与挑檐之时，一度遭到了不少阻力，因为在那时很难想象在既有的"传统"做法之外的可能性。经过很多努力和试验后，我们通过铝板屋面系统的运用以及简洁的墙面划分之配合，呈现出一种基于当代精神的"传统"阐释。最终完成的三面坡屋顶以及挑檐，既轻盈又舒展，且铝板材料在阳光下散发出的深浅不一的金属灰光泽，也与周围的琉璃瓦、小青瓦以及优美的自然环境形成了对话和呼应。在21世纪初期中国正处于日益开放和蓬勃发展的时刻，芳菲苑作为钓鱼台国宾馆的核心建筑，展现了一个既舒缓大气又极具当代精神的形象。这种基于当代性的"传统"阐释，在项目建成后获得了很多人的认可，甚至在其他国宾馆设计中被学习和沿用。

Q　在随后的马家浜文化博物馆、大寨博物馆、左权莲花岩民歌汇剧场、西岸瓷堂等这些尺度不一的项目中，"时间"也以不同的"形状"存在于项目介入之前的场地条件和文化语境中。在面对这些不同的"时间"条件之时，您是否采用了一些不同的设计策略呢，它们又是否具有一些共同的设计态度呢？

A　这些项目也均对时间的命题进行了回应。它们的共同点在于都以一种既自主又包容的姿态去触碰"时间"这个议题。但具体到每个项目，因为它们所面对的具体时间条件不甚一样，所以回应的视角也各有千秋。以马家浜文化博物馆为例，竞赛阶段的其他方案几乎都把江南文化作为创作的原点。但在我看来，作为一处呈现马家浜文化遗址的博物馆，在它承载的文化所处的那个"时间"中，还不存在"江南"这个概念。千年前的远古文化遗址留给我们的仅仅是一些残存的信息。当时我阅读了不少考古学书籍，张光直的《考古学》这本书给予了我很大的启示。考古学通常无法形成关于远古文化的确切而完整的图景，依赖于发掘残片的慢慢拼凑，通过缀合法描摹出远古物件的形态。我也希望弱化通常博物馆之理性而整体的形象，以一种碎片化的聚落状态，令建筑与远古时间产生呼应。而在左权莲花岩民歌汇剧场中，面对一种更自然的地理时间，我希望新的建筑介入既呼应这种地理时间所留下的地质痕迹，又仍具有它自身的自主性。所以最终的设计将建筑视为"山石的延伸"，既在形态上通过类似岩石的肌理自大地而出，又以简洁的造型巧妙地完成了舞台、看台、广场、服务空间等的布置。在我看来，这种既独立又融合的建筑姿态，正是开明设计的主要特征。

与这两个项目中更为远古的"时间"相比，大寨博物馆呈现的是一段较近且更为复杂的历史。所以在设计中，除去在建筑空间与地形处理上呼应大寨原有的线性窑洞空间外，我也希望通过空间中的整个行进过程为来访者创造出一段关于历史的思考。位于上海徐汇滨江的西岸瓷堂，虽然是一座非常小的建筑，但它依然兼顾了自主性和包容性。一方面，它的形式呼应了原先存在于这片场地中的"油罐"和"水泥库"；另一方面，尽管建筑不大，但它通过圆形语言的错位以及庭院的置入，在一个小尺度的建筑中融入一种城市感，营造出行进与逗留、室内与室外之间的丰富体验。

回到这些项目设计策略的共同点，无论是处于自然环境或是城市场地中，我都希望它们能够为周边环境带来一些改变的能量，而非泯然于环境之中。但与此同时，也不希望它们是徒有造型的"展品"，而能够真正地将场地或是城市的活动包容进来，激发更大的可能性。

历史与当下
HISTORY & MOMENT

◢

钓鱼台国宾馆芳菲苑
Fangfei Garden of Diaoyutai State Guesthouse

芳菲苑的重建让我们必须在历史与现实之间找到某种精神联系

现代材料、古典造型的设计旨在唤起人们对老芳菲苑的回忆

以及更多的发生在这里的沧桑

新的芳菲苑是从历史中诞生的，而不是孤立的、割裂历史的新东西

基地位置　北京市
设计时间　2000 年
建成时间　2002 年
建筑面积　22,500m²

万柳堂

养源斋

潇碧轩

清露堂

18 号楼

临湖景观

钓鱼台国宾馆是坐落于中国北京市海淀区玉渊潭东侧的一处古代皇家园林及现代国宾馆建筑群。钓鱼台国宾馆是中国国家领导人进行外事活动的重要场所，更是国家接待各国元首和重要客人的超星级宾馆。

古钓鱼台是北京西郊著名的园林之一。

- 金代章宗年间（公元 1189—1208 年）
  皇帝完颜璟曾在这里建台垂钓，故后世有"皇帝的钓鱼台"之称。

- 元代（公元 1271—1368 年）初年
  宰相廉希宪在这里修建别墅"万柳堂"，成为盛极一时的游览胜地。

- 清代乾隆年间（公元 1736—1796 年）
  乾隆皇帝爱其风光旖旎，定为行宫，营建了养源斋、清露堂、潇碧轩、澄漪亭、望海楼，并亲笔题诗立匾。

钓鱼台国宾馆基地示意图

左，牌楼门；右，东门石林，"钓鱼台"三个字为邓小平题写

老芳菲苑曾经加建了一个完全传统的门楼，可以说是老芳菲苑的最大亮点，在这组平淡的建筑中显得尤其突出和醒目。设计师第一次看到它时，即留下深刻印象，对老芳菲苑的整体印象反而一直模糊不清。在后来的设计中，入口的门楼因其最受人瞩目而反复修改，难以定夺。直至设计师有一天重新面对老门楼照片时，才决定用现代材料来"模拟"，以示对老门楼的追忆和致敬。

拆除重建

北京钓鱼台，昔日帝王的行宫，迄今八百余年。1959年，其改造为国宾馆后，存在于"新闻简报"和新闻联播中，一直和国家政事紧密相关，留给民众尊贵而神秘的印象。

国宾馆占地40多公顷，除原钓鱼台址外，还有18幢别墅宾馆及俱乐部、办公等功能不同的建筑，散布在园内各处。芳菲苑（又称17号楼）占据着钓鱼台的心脏位置，南临大草坪、北傍中心湖面，这一坪一湖为钓鱼台内最为开阔之处。老芳菲苑自1959年建成以来，成为国家从事国务和外事活动的重要场所，期间也经历若干次改扩建，每次改扩建均为应急而做。时至21世纪初，其使用功能已不堪重负，建筑形式也与之地位不相匹配。2000年元旦过后，钓鱼台芳菲苑启动拆除重建，旨在改善国事活动硬件要求，同时使国宾馆更加适应一些商业和社会需求。钓鱼台慢慢揭开了神秘的面纱，其中芳菲苑的改造是一个契机，来重新回溯和再造钓鱼台的场所精神。

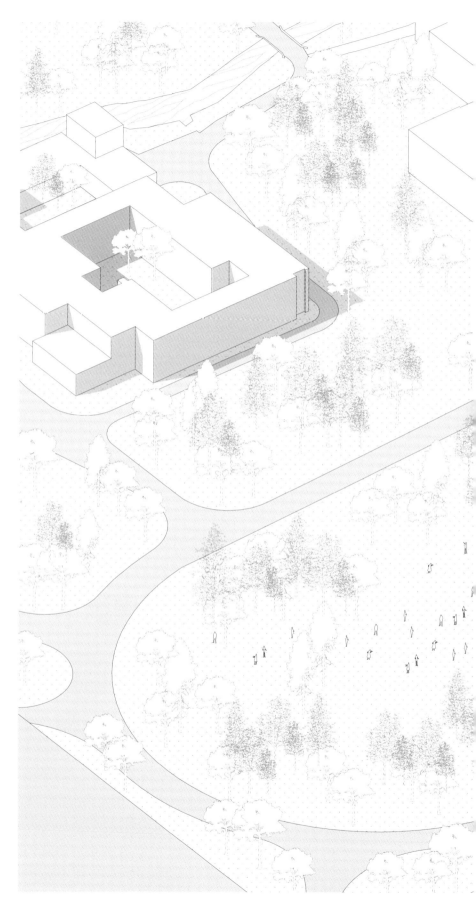

模型图

芳菲苑设计之初，设计者就觉得她负载太多的矛盾。
意义的泛滥往往比意义的匮乏更让人无所适从。在设
计师看来，最初形式的选择需要更多的小心和勇气，
因为选择（而不是创造）已经意味着突破。

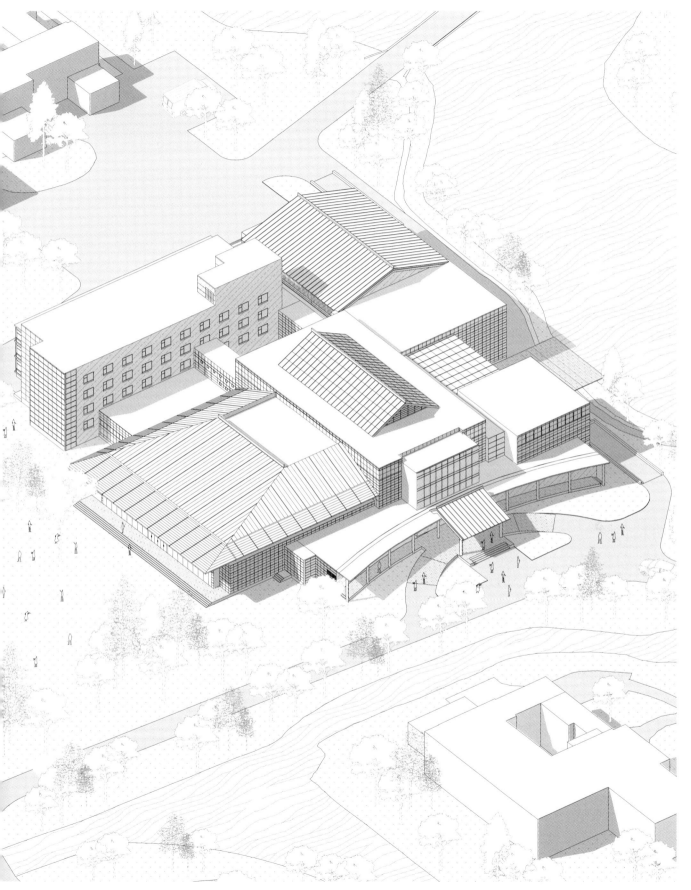

钓鱼台国宾馆芳菲苑轴测图

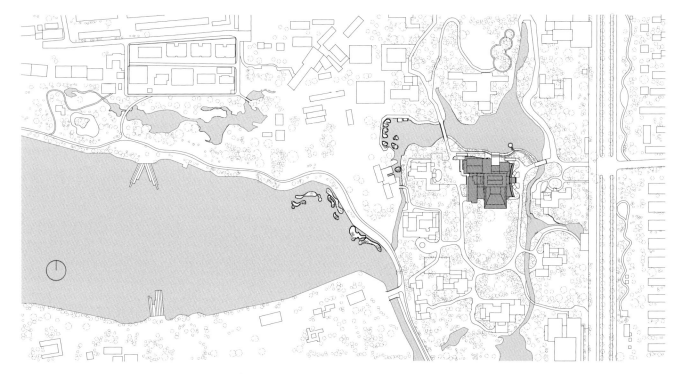

总平面图

芳菲苑主入口

进出主入口是个有趣的空间体验。芳菲苑南北两侧均有宽阔的周边环境,唯有东面主入口处相对局促,在此,设计者通过对建筑体量的安排,使来访者获得中国古典园林的行进体验——自东门而来,穿过牌坊上桥,透过依依垂柳,映入眼帘的首先是一面素雅的实墙,然后随着弧形园廊的展开才看到三角形天窗和主入口门楼。

主入口弧形园廊

复杂而特殊的功能

芳菲苑具有相当繁复的功能，这给用地紧张的建筑设计带来了挑战。其最核心的功能空间为进行大型国事活动接待的各类大厅，具体包括：1,000 人同时用餐的大宴会厅及高标准配套厨房；容纳 500 名观众，并可用作小型歌舞剧演出的高规格多功能厅；200m² 大型首长接待厅；200m² 国事谈判厅、会客厅各一。连接这些接待厅的进厅、四季厅、休息厅面积也要求很大，以满足大型宴会集散、等候、交流等活动。此外，还包括可以独立管理的豪华客房 64 间；高级中餐厅、西餐厅及包房若干。

所有这些使用功能均要求分区明确、流线清晰、互不干扰。设计通过两条相互垂直的轴线及一个内院构筑功能结构骨架，各功能用房围绕骨架布置，而轴线骨架形成公共空间，成为集散的交流场所，保证了繁复功能用房之间独立性和畅通性，使用者之间的交流性及服务的条理性。

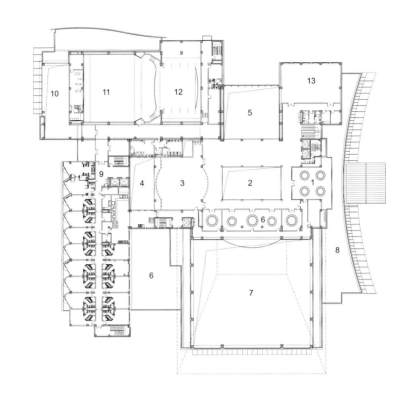

1. 中餐厅
2. 前厅上空
3. 西餐厅
4. 小庭院上空
5. 四季厅上空
6. 小餐厅
7. 宴会厅上空
8. 屋面
9. 宾馆
10. 门厅上空
11. 多功能会堂上空
12. 舞台上空
13. 谈判厅

二层平面图

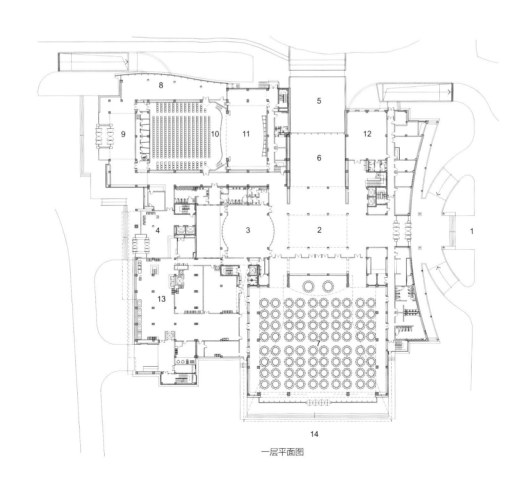

1. 主入口
2. 前厅
3. 接见厅
4. 宾馆门厅
5. 水池
6. 四季厅
7. 宴会厅
8. 湖景厅
9. 会堂进厅
10. 多功能会堂
11. 舞台
12. 会客厅
13. 厨房
14. 草坪

一层平面图

第 036-037 页：宴会厅外观
本页，对页：西侧宾馆入口。本页，左下：宾馆东立面外观；右下：宾馆西立面外观

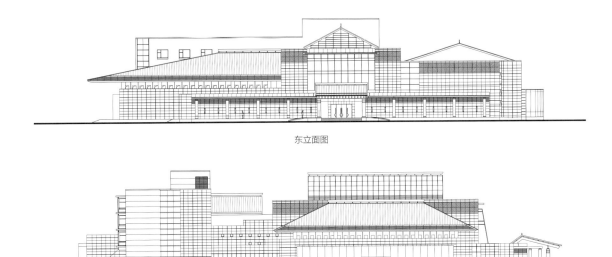

东立面图

南立面图

本页：出檐深远的宴会厅挑檐下。对页：四季厅

大宴会厅是芳菲苑中体量最大、功能最重要的场所，由一个36m×32m的无柱空间及东西两侧回廊组成，面积近1,200m²，可供千人同时宽敞舒适地就餐，两侧回廊则是主要服务通廊。宴会厅设有36m宽、6m高无框落地透明玻璃；从室内看室外，如同一幅美景长卷，草坪宽阔，树影斑驳，真正体现了室内外空间的最大交融。

四季厅更开放地贯彻了这种崇尚自然的理念。北面的湖光潋滟和18号楼（总统楼）的端庄雍容尽收眼底，这个空间一年四季阳光盎然，景色宜人，成为休息及举办大型鸡尾酒会的最佳场所。

经典和当下

屋面开阔舒缓、出檐深远，采掇唐风气质，雍容大度，旨在神韵之间体现大国之风范，并不在细枝末节上拘泥传统。大挑檐深20m，上面覆以玻璃，檐下长60m的落地玻璃，似将户外大草坪揽入室内，室内向外看去，又似一幅长卷，美景尽收眼底。

材料的选择是设计最为关键的表达。彼时钓鱼台内建筑屋面都采用机平瓦和琉璃瓦，而芳菲苑采用了前所未有的铝制屋面系统，简洁的线条、平整的坡面、熠熠的光泽，给传统意味浓厚的院区带来了新的活力，传承经典记忆的同时再造新的当下精神。设计期间，在这个历史深厚、地理敏感、身份特殊的地方，这些不同寻常的举措虽然引发很多的争议，但最终的坚持和效果得到了各方的认可，是设计师在建筑学上的一次有益突破。

仪式和开放

建筑呈拉丁十字形平面，这个富有仪式感的布局暗示了建筑的特殊身份——作为国宾馆的尊崇形象、作为园内地理中心以及作为服务中心的多重地位。

建筑恰当地融入钓鱼台环境文脉，大宴会厅朝向开阔的草坪，四季厅顶棚和立面都采用玻璃，面向北面湖面和湖对岸的总统楼都敞开视野，在保持仪式感之外，又对优美的自然环境展现互动开放的姿态。

时间的形状
THE SHAPE OF TIME

▲

马家浜文化博物馆
Majiabang Culture Museum

博物馆的设计提取了聚落的原始居住图景和江南房院格局

在历史信息碎片中提炼出"聚落"的基本原型

通过空间再译与遥远的文明建立起跨时空的默契

无序的形体和粗糙质感呈现出了远古文明的原始感，这或许就是时间的形状

基地位置　浙江省嘉兴市
设计时间　2015 年
建成时间　2020 年
建筑面积　7,840m²

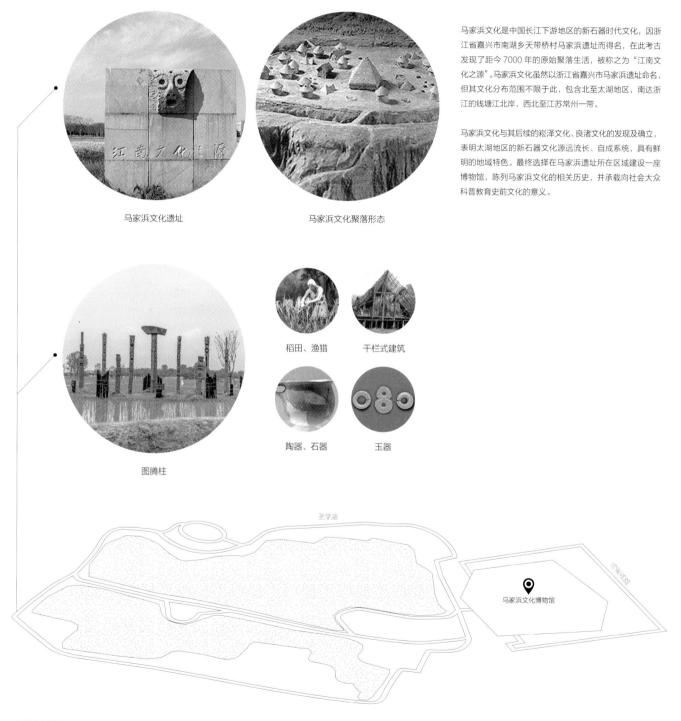

马家浜文化遗址

马家浜文化聚落形态

图腾柱

稻田、渔猎

干栏式建筑

陶器、石器

玉器

圣堂路

马家浜文化博物馆

马家浜文化是中国长江下游地区的新石器时代文化，因浙江省嘉兴市南湖乡天带桥村马家浜遗址而得名，在此考古发现了距今 7000 年的原始聚落生活，被称之为"江南文化之源"。马家浜文化虽然以浙江省嘉兴市马家浜遗址命名，但其文化分布范围不限于此，包含北至太湖地区，南达浙江的钱塘江北岸，西北至江苏常州一带。

马家浜文化与其后续的崧泽文化、良渚文化的发现及确立，表明太湖地区的新石器文化源远流长、自成系统，具有鲜明的地域特色。最终选择在马家浜遗址所在区域建设一座博物馆，陈列马家浜文化的相关历史，并承载向社会大众科普教育史前文化的意义。

历史的碎片

历史的图像本身是模糊的，文化的面貌更是一种对碎片遗存的集合认知。如何通过建构来回应这种时空存在，其实是设计重要的选择，需要在对历史的解读与当代的回应之间寻找一个恰当的平衡。

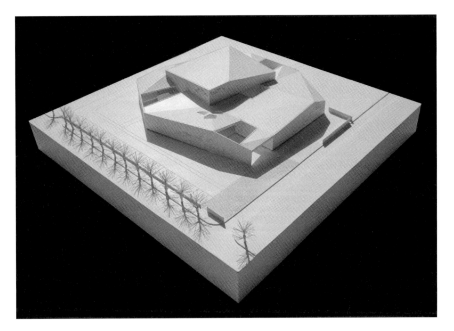

马家浜文化博物馆模型图

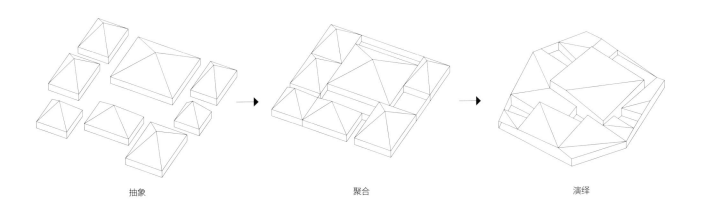

抽象　　　　　　　　　　　　　　　聚合　　　　　　　　　　　　　　　演绎

马家浜博物馆鸟瞰

博物馆是在没有明确物理遗址留存的一块基地上建造，因此建筑本身就承担了更多诠释历史的任务。

聚落重构

设计受到考古学的启发，"缀合"作为设计推演思路，而"聚落"成了设计空间组织的重要策略。聚落本身是无序与非理性的，但是聚落单元之间又形成了复杂的共生关系。设计过程通过几个简单但无序的几何单元体拼接组合，无序的形体呈现原始的手作感，单元的组合带来了丰富有趣的游览路径，就像原始的聚落一样，每个"棚屋"具有相对独立性，但同时单元之间又形成了迂回的留白空间。

无序的几何单元形成的第五立面与周边纵横交错的田野"拼图"形成互文关系，起伏的折坡屋顶提供原始棚屋遮蔽物的空间体验。各个"棚屋"对应博物馆的门厅、临展厅、主展厅、报告厅、后勤等各区域功能块，其中最高一个则作为 15m 高的主展厅。"棚屋"之间的空间作为必要的交通、交流、休息的区域，自然展开。

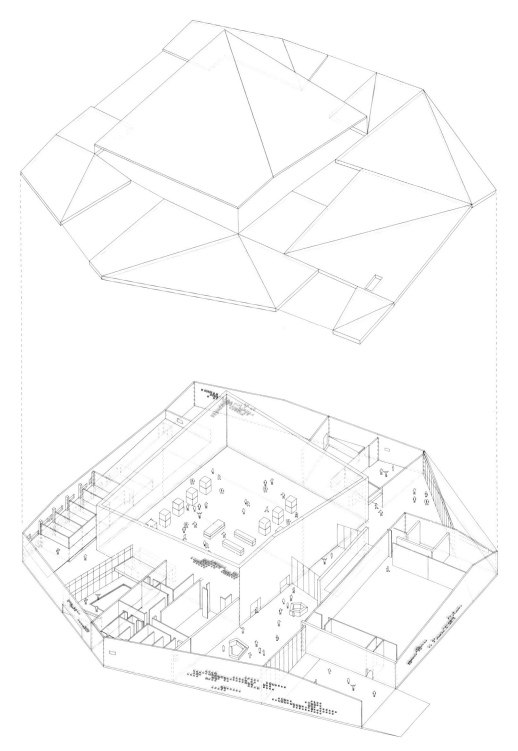

拆解轴测图

深秋，建筑与场地的融合

第一次到现场时，开阔的田野风景是"此地"留给我们最深刻的印象，开始设计后了解到马家浜文化是农耕文明重要的历史阶段，"此地"风景
与"异时"图景似乎产生了某种时空联接。

左：宁静庭院空间；中：展厅向天空展开的内庭；右：内侧水景庭院

利用众多的庭院作为内与外、动与静的转折空间，建筑形体间自然形成了 5 个庭院，提供了游览路径中与自然的对话。虽然身处建筑内，却像是在很多小房子形成的街巷中。

缀合与留白

　　建筑的形体操作通过抽象聚落的原型，几何组合对过程自然留出了很多"之间"的留白空间。实与虚的空间缀合，形成"房院交错"的格局，聚落意象下，又对嘉兴地区传统江南生活形态做以回应。复杂形体的缀合也是丰富观展体验的重要空间策略，平面的实与虚对应着有序和无序的状态，通过实而有序的空间来回应建筑的功能性和经济性，虚而无序的部分来组织参观流线的丰富性和体验感。

1. 庭院
2. 大厅
3. 寄存
4. 基本陈列厅
5. 临时展厅
6. 咖啡厅
7. 教育拓展
8. 商业
9. 报告厅
10. 接待室
11. 会议室
12. 保安室
13. 卫生间
14. 消控中心
15. 餐厅
16. 参考品收藏
17. 文物修复、鉴赏、库房
18. 设备间

- - - → - - - 参观流线

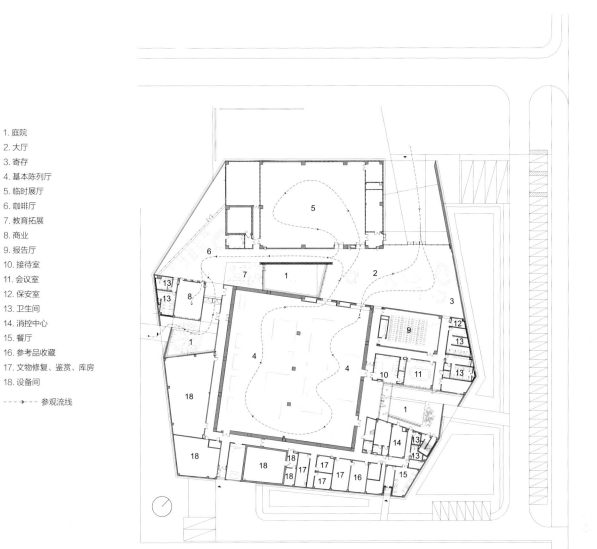

一层平面图

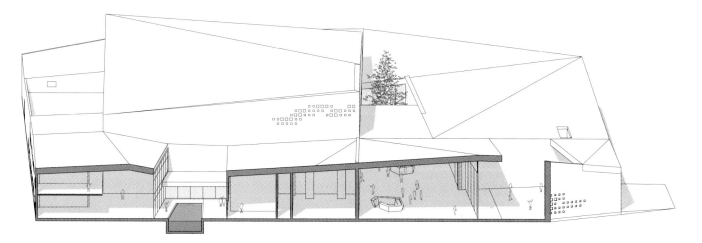

剖透视图

上：大厅天窗、墙体镂空采光效果；左下：教育拓展区内景；右下：展厅内部公共通道，视野尽端是遗址标识

聚落之间最大的留白是参观游廊，作为各种功能的中枢场所，它联通了主入口、展厅、报告厅、休息区、遗址雕塑等一条完整的游览体验路径。游廊的东侧是城市，西侧是马家浜文化遗址，东西两面分别代表着两个不同的时代。

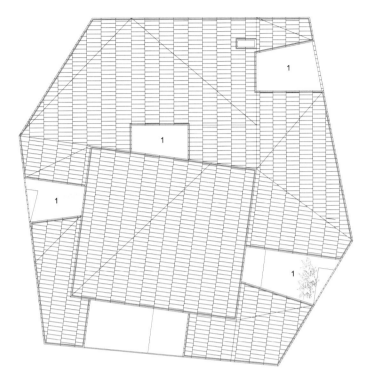

屋顶平面图

1. 庭院上空
2. 图书资料室
3. 会议室
4. 接待室
5. 副馆长办公室
6. 馆长办公室
7. 办公室
8. 征集保管部
9. 陈列展览部
10. 教育宣传部
11. 马家浜文化研究中心
12. 屋顶花园
13. 设备间

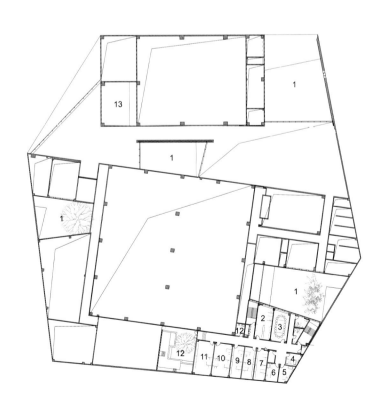

二层平面图

本页：面向遗址的露台。对页：通往遗址公园的庭院口部

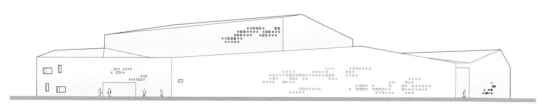

东立面图

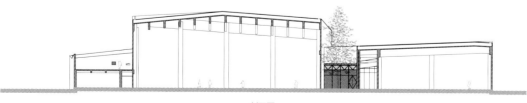

剖面图

建构与情境

　　建筑采用陶色清水混凝土作为主要立面材料，想通过混凝土这种粗狂原始又具现代性的特征来呈现我们对最初概念的回应。混凝土的颜色取自基地周围遗址出土的陶器，陶土色的清水混凝土还原出一处具有原生态质感的远古文明展示"容器"，表面肌理通过无序的凹凸木模实现。粗糙质感建筑跟大地和土壤好像产生了亲密的联结，整个博物馆像是从大地中生长而来，随着时间变化阳光在建筑表面刻画出生动表情。立面材料的选择上，设计也一直在回应聚落的概念，特别强调材料的延续性，将室外材料室内化，凸显室内外的张力。清水混凝土墙面和深色花岗岩地面沿着参观路径从入口延续到室内，通过材料的完整包裹感来呈现各个聚落单元的自主性，强化各个聚落单元的独立性。让参观者能自然进入，虽然身处一座现代博物馆之中，但是也能感受到原始与自然的气氛。尤其在几个不同主题的庭院空间，在阳光和阴影的变化下，各立面的表情无时无刻不在改变，在这上演着时间与空间的交互。

集体记忆与原型重构
COLLECTIVE MEMORY & PROTOTYPE RECONSTRUCTION

▲

大寨博物馆
Dazhai Museum

穿越历史的迷雾，转型之后的大寨获得了新生

一个关于记忆和反思的场所，也是一个展现当代价值的新场所

成为连缀整个景区，与周边环境和历史遗存遥相呼应的一座桥梁

基地位置　山西省晋中市
设计时间　2015 年
建成时间　——
建筑面积　10,600m²

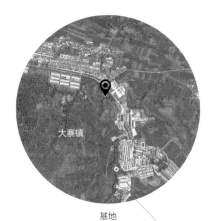

基地

昔阳县最有名的村庄是大寨村，因"农业学大寨"而出名，农业学大寨中的大寨村隶属大寨镇。

基地面积 4.7hm²，呈南北走向的长条形。场地内部高差较大，最高点与最低点高差近 30m，呈现中部低，两边高的形态。同时，基地四周并非一片空白，博物馆与周边如红旗广场、大寨干部学院、大寨景区等诸多景点和历史遗存有着紧密的相互视线和路径关系。

大寨，一个曾经的政治符号，对经历过改革开放的国人来说，是一个如雷贯耳的名称，"农业学大寨"，是那个特殊时期带有浓厚意识形态的社会运动，历时20余年，已成为那一代国人深刻的集体记忆。转型之后的大寨获得了新生，而"自力更生，艰苦奋斗"的精神穿越历史的迷雾，在当代社会依然体现了它的价值。我们希望大寨博物馆不是用来怀旧和纪念的，而是用来记录和思考的，是一个关于记忆和反思的场所，也是一个展现当代价值的新场所。

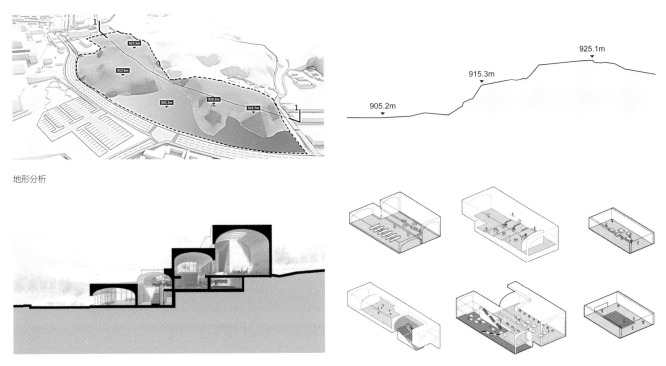

地形分析

尺度研究

场地和原型

    设计的起点源自对"大寨"文化基因的梳理，基地考察时，大寨村留存的"火车皮"窑洞进入了我们的视线。窑洞是中国西北居民的古老居住形式，窑洞民居的历史可以追溯到数千年前，"火车皮"窑洞正属于传统民居窑洞形式中的"靠崖窑"。建筑以排连成线，沿地形依山而建，镶嵌于山间，形成颇具气势的整体形象。以"窑洞"的形象作为母题，运用于各类建筑之上并不鲜见，但如何摆脱简单的符号化风格塑造，思考如何借助历史的支点，延续集体记忆，重新认知和发展地方文化，以当代的方式体现博物馆的在地性，是我们在设计过程中反复思考的问题。

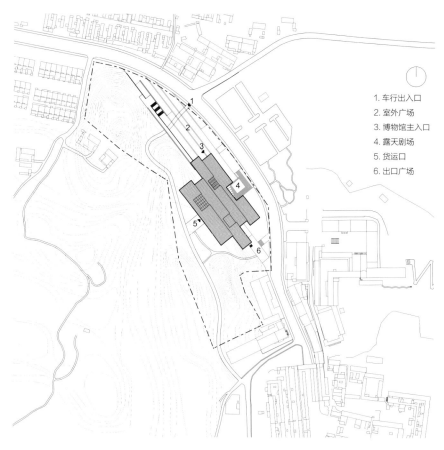

1. 车行出入口
2. 室外广场
3. 博物馆主入口
4. 露天剧场
5. 货运口
6. 出口广场

总平面图

本页：大寨博物馆模型图。对页：大寨博物馆鸟瞰效
果图

设计的起点源自对当地特有文化基因的梳理和挖掘，
将之转换为简约、抽象的当代设计语言，重现具有厚
重历史感的在地场所空间。

博物馆主入口透视

体验的建构

　　"窑洞"的尺度来源于劳动人民为自己所建居所的尺寸与比例，而博物馆作为纪念性的公共空间，则需要与之相匹配的非日常尺度。大寨博物馆设置于村落间，不同于一些城市博物馆需要庄重、正面性较强的宏大纪念性空间，我们希望在展现出一定的纪念性的同时，适当的消解建筑体量，不仅能够与周边村落环境融为一体，也能形成一些宜人的近人尺度空间。"火车皮"窑洞提示了我们建筑与环境相融的理念，大寨博物馆的建筑也同样顺应山势布置，镶嵌入山体之中。这样的处理消解了建筑尺度，丰富了观景与活动体验，不仅回应了场地，并且重新塑造了场地，形成具有宜人尺度的地景公共空间。

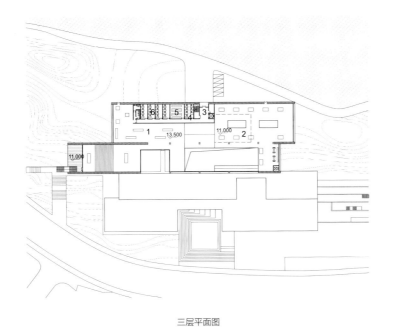

1. 个人藏品展厅
2. 综合体验厅
3. 门厅
4. 出版编辑室
5. 档案管理中心
6. 展陈设计室

三层平面图

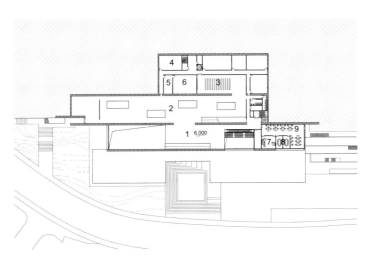

1. 序厅
2. 基本陈列展厅
3. 音像展示厅
4. 藏品技术区
5. 库前区
6. 库房区
7. 接待室
8. 会议室
9. 办公用房

二层平面图

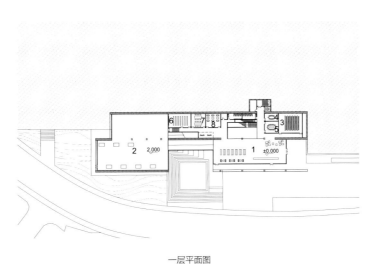

1. 公共服务区
2. 临时展陈区
3. 报告厅
4. 小会议室
5. 大会议室
6. 小放映厅
7. 青少年活动室
8. 贵宾室

一层平面图

大寨博物馆剖透视图

博物馆顺应山势，由低向高处设置了四个"窑洞"母题线性空间。居于首层的拱顶较矮，不仅作为博物馆的入口雨棚，也形成丰富的檐下灰空间，为未来博物馆的各类活动展示提供了丰富的可能。二层的拱顶高度渐高，并引入了天光提示了主要垂直交通空间。二、三层的通高空间是博物馆核心展示区，高度达到17m。两个拱形空间上下串通，结合高侧窗和天窗，形成富于纪念性和体验性的展示空间。四个拱的尺度和处理方式不尽相同，形成四个不同高度、不同采光处理的无柱通高空间，巧妙地回应了各类展示和活动弹性使用的需求，也实现了建筑、室内、展陈一体化设计。

建筑体验的精华在于运动时身体所感受到的建筑，非静止的建筑图像，博物馆设计旨在召唤和激发参观者的身体感知，将时间和记忆固化形成空间的装置，使得参观者能够体验大寨这个场地上独有的尺度、风景和历史。

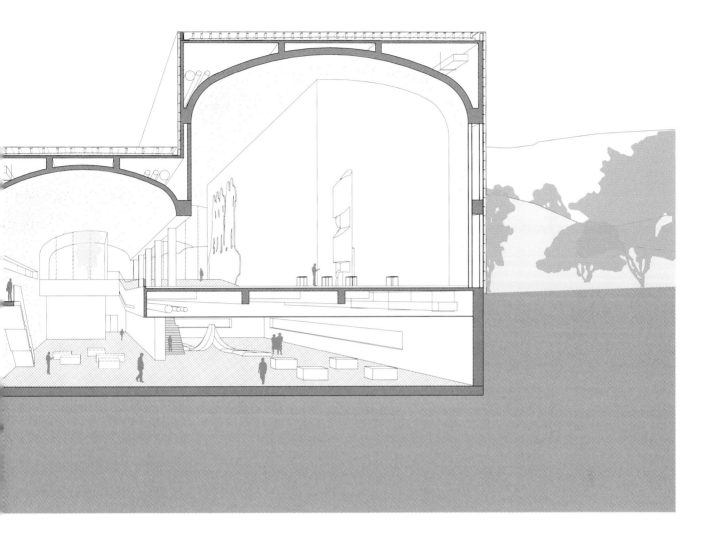

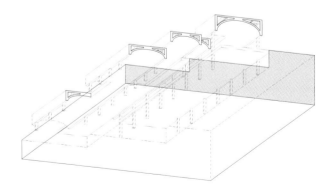

建筑、结构、设备一体化设计

项目采用钢筋混凝土框架剪力墙结构体系，屋面采用拱形混凝土屋面，拱支座处上方的直角造型参与共同受力作用。同时采用挖洞的方式只保留有效结构构件，减少结构自重形成空腔，留出建筑水暖电的管道空间，实现建筑、结构、设备一体化设计。

本页：大寨博物馆通高展厅效果图。对页：博物馆参观流线分析图

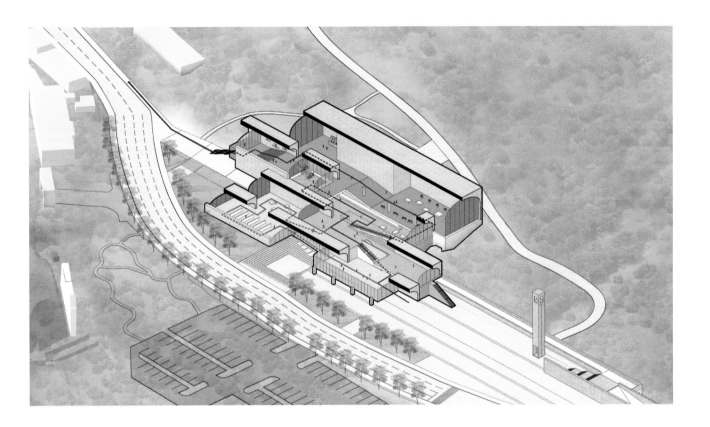

博物馆的参观流线是多元化的，从门厅可选择直接到达主展厅序厅或先参观临时展厅，从序厅进入"大寨的故事"主题展厅，厅内通过互动投影、视频、陈列、沙盘等多种方式了解大寨的历史。再沿坡道而上，在通高的展厅内体验大寨主题系列实物展及巨型浮雕等艺术作品，同时可到达室外平台俯瞰大寨各景区。在参观的最后，从纪念感极强的时光隧道空间中离开博物馆，可就近进入干部学院及大寨景区参观，形成景区串联流线的闭环。我们希望大寨博物馆并不是一个孤岛，而是连缀整个景区，与周边环境和历史遗存遥相呼应的一座桥梁。

自然的回响

ECHO OF NATURE

◢

左权莲花岩民歌汇剧场
Zuoquan Lianhuayan Folk Opera Theater

从自然中来到自然中去

从这山体延伸的剧场传出阵阵高亢的左权小调

在山谷间回响

基地位置　山西省晋中市
设计时间　2020 年
建成时间　2020 年
建筑面积　6,000㎡

第一次去现场勘地正值武汉疫情时期，从太原机场"全副武装"出来，沿着太原高楼间的高架路驶出平原都市，路过接连的黄土沟壑，再深入太行山间，最后顺着绵延的山谷抵达一处三角形缓坡地，四周被高耸陡峭的山体包围，暴露的红黄相间的褶皱巨石与稀疏的枯树，场地的巍然气势扑面而来。

上：基地区位图；左下：基地周边地貌；右下：山西传统民歌活动

缘起

作为山西传统民歌的重要土壤，左权县在当地文化部门的推动下，兴起了每年一届的国际民歌赛活动。前几年，以搭建临时舞台的形式举办，反响热烈。2020 年，当地政府计划为左权民歌文化建造一处永久剧场，用于赛事和演出。意外的是，新冠肺炎疫情导致建造计划搁置，而原定的比赛将在 6 个月后如期举办。我们就是在这样一个看似不可能完成的时间节点，接受了这个极具挑战且非常有意义的设计工作。

在紧迫周期与项目的矛盾下，我们深知设计起初的定位和判断至关重要。传统民歌源于土地，向山而歌，于山间传唱。我们既想把握这种艺术形式的原本样态，又需考虑建造工艺与周期的操作可行性。我们建议的对策是，让设计尽可能地结合原有自然地貌，采用施工工艺单一且有一定的容错余地的建造方式来呈现。最终明确定位与策划，选址左权莲花岩景区入口处面朝山谷的缓坡地，建造一处与环境融合的户外开放剧场。活动期间，作为民歌赛事的演出场地。平日，则作为景区演出和附近村民文化活动的场所。

基地周边丹霞地貌与莲花岩崖居现状

从自然中来

设计从自然的"存在形式"研究出发，通过对场地周边的自然环境仔细地观察和记录，不由地感叹此地的天工造物之奇与人工营造之巧。由于为丹霞地貌，周边山体整体呈现出以陡崖坡为特征的红色沙砾岩。层层叠合的片岩之间自然形成丰富多变的水平褶皱，像似山间挖掘的走廊。在差异风化作用下，形成不同形状的岩峰，城堡状、棒状、方山状，还有虎口状，以前农闲的时候人们就是站在这些山头间传唱民歌，这些地方就是民歌最初的舞台。

在这样壮丽奇美的大山下，人类与其想通过建造跟大自然"争宠"，不如放下造物者的姿态"向自然学习"。生活在此的古人们早已悉知这一点，基地背后的莲花岩山腰间的沟壑里曾有多个"崖居"村庄，他们"以山为顶、以石为地、山石筑墙"自然地栖居于这"空中走廊"千百年，天工与人工在此相互成全，操作形式在存在形式之下如此不着痕迹。

从自然中来，向自然学习。虎口状的自然"舞台"、片岩间的崖居、丹红褶皱的山石肌理等，都是我们设计参考资料和概念来源。虎口状的自然舞台姿态和向山而歌的体验成为剧场舞台的原型，片岩间的崖居智慧则指导了剧场服务空间的组织，与山石褶皱肌理的契合也是我们最终选择材料和工艺的重要原因。

莲花岩丹霞地貌断面

概念方案剖面关系

莲花岩丹霞地貌断面

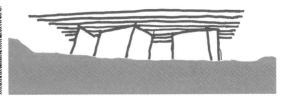

广场层接待中心意象

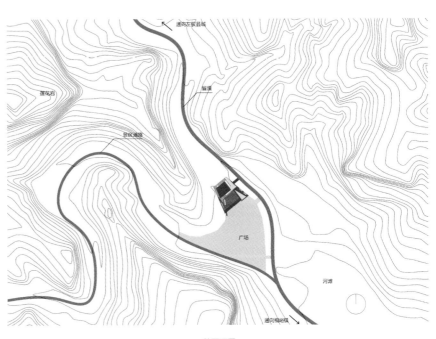

总平面图

上：山谷与剧场；下：山谷南望剧场

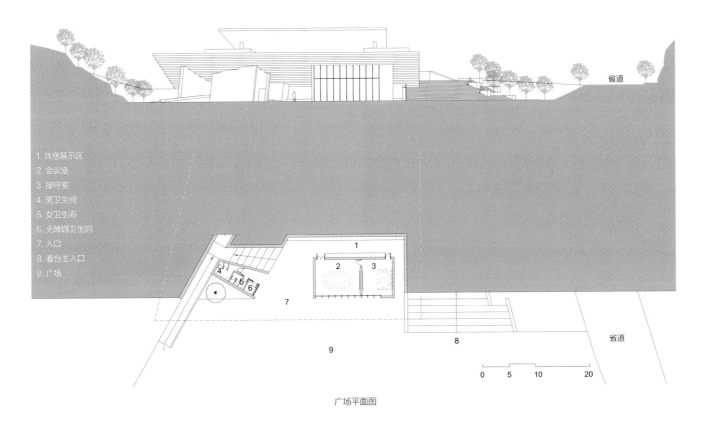

1. 休息展示区
2. 会议室
3. 接待室
4. 男卫生间
5. 女卫生间
6. 无障碍卫生间
7. 入口
8. 看台主入口
9. 广场

广场平面图

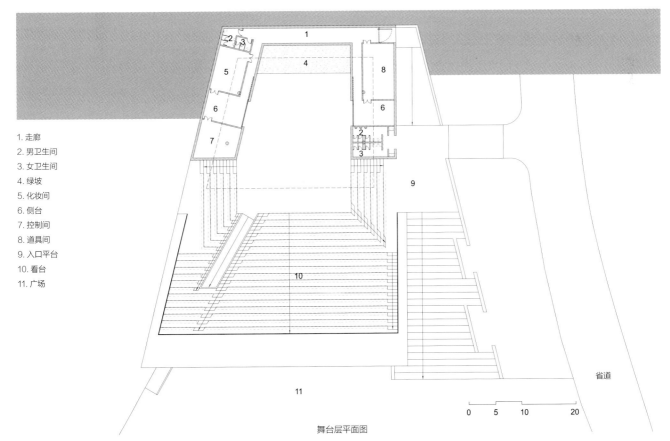

1. 走廊
2. 男卫生间
3. 女卫生间
4. 绿坡
5. 化妆间
6. 侧台
7. 控制间
8. 道具间
9. 入口平台
10. 看台
11. 广场

舞台层平面图

上：国道、剧场与大山；下：东侧鸟瞰剧场与莲花岩

建筑部分嵌入山体之中，利用类岩石肌理的斜板与大地连接，同时提供建筑屋顶和看台空间。

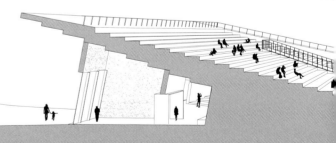

左权莲花岩民歌汇剧场剖透视图

本页，左：台阶与大山；右：山石的延伸。对页，左：广场与檐下"崖居"；右：檐下"崖居"

到自然中去

设计一开始并没有选择顺应山坡作为看台来组织观演高低空间关系，而是从向山而歌的体验出发，选择了舞台朝向山谷的布局，即舞台在山坡高处，看台在低处。为了解决观演视线的需求，提出了建筑作为"山石的延伸"的剖面构成概念，将高处的舞台部分嵌入山坡，低处的看台则抬高，下部相对低矮的空间呈崖居姿态，作为面向广场的服务空间。下部独立的服务空间和结构体散落布置留出来的虚空间，构成自由多变的穿行区域，身处其中体验如同在山石间游走。这样的处理既保证了上部剧场的观演视线与声场的需求，也让建筑的整体姿态与土地的关系更为紧密。

在有限条件下，建筑一次浇筑成型，外立面完全去装饰，同时节省建造成本和时间成本。小模板工艺留出的粗砺肌理也得以与自然有更多的互动，在风化与雨水的长时间作用下，自然草木的侵蚀下，表面色泽和质感都会发生变化。多年后，此处的人工与天工之间的界限会越来越模糊，最终建筑本身也能回到自然中去，成为其中的一部分。

回响

设计最初源于"自然的回响"，从氛围的营造到形式的操作，再到材料的判断，都是选择能与时间同行的方式，是一种放松的、粗犷的、会呼吸的、接受包浆的状态。山石延伸出的建筑空间也好，粗砺的混凝土材料也好，期待多年后再访，它们或许会成为"回响的自然"，成为左权传统民歌艺术的一个支点，从这里传出阵阵高亢的左权小调，在山谷间回响。

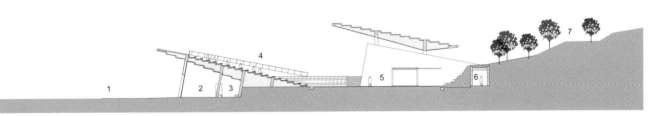

中心剖面图

1. 广场
2. 会议室
3. 休息室
4. 看台
5. 舞台
6. 走廊
7. 山坡
8. 后台入口坡道

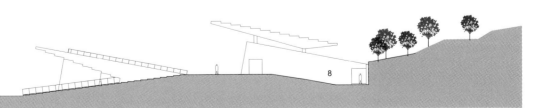

沿省道立面图

营造与预制
FABRICA AND PREFABRICATE

西岸瓷堂
West Bund Ceramic Pavilion

"瓷堂"以具有纯净平面几何形态特征的圆形为存在方式

试图在这片空旷的城市中确立起具自立感的建筑形态

工业化的钢构和手工感的陶瓷并存为它面向城市的表情

基地位置 上海市
设计时间 2013 年
建成时间 2013 年
建筑面积 346m²

基地区位图

艺术营造

"瓷堂"是上海徐汇滨江"西岸 2013 建筑与当代艺术双年展"室外"营造"国际建造展的展品。这个设计任务要求建筑师设计一座类似博览建筑这样半临时性的构筑物。它需要形态上有一定的表演性，并尽量与参观展览的观众取得互动。它坐落在黄浦江边的徐汇滨江景观带中，紧邻城市道路。在这个城市公共空间中平时有大量的城市居民经过，除了满足展览时的使用及参观要求外，它也应该具有城市公共建筑及公园景观建筑的特性，以适应市民的日常行为要求。它被要求可以灵活地使用，并担负举办小型会议、展览、晚会、发布会、咖啡品鉴等多种功能。

鸟瞰徐汇滨江景观带

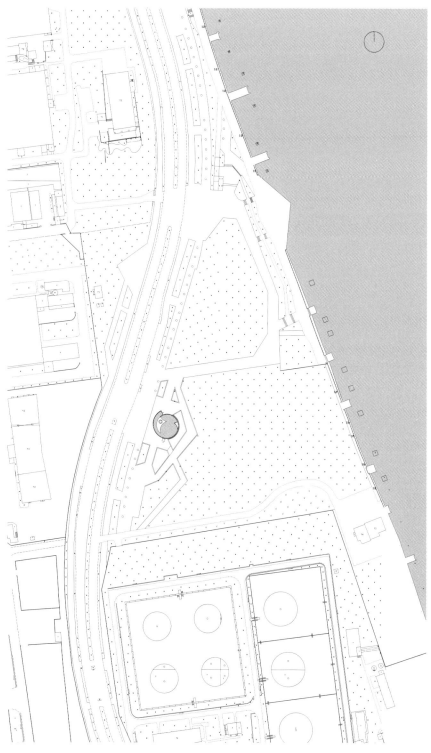

总平面图

瓷堂与城市

场地痕迹

在这个场地中，新建筑及景观都坐落在没有太多历史痕迹的场地之上，其周围也找不到太多建筑参照。在这样的城市环境中，唯一能将人与场地的过去建立起联想的是中国航油集团的圆形大油罐（后改造为西岸油罐艺术中心），以及巨大的圆形水泥库。这些巨大遗存保留下来的与其说是客观物质，倒不如说是非常偶然地存在于城市公共空间中的抽象形态。与"油罐"或"水泥库"一样，"瓷堂"也以具有纯净的平面几何形态特征的圆形为存在方式，试图在这片空旷的城市中确立起具自立感的建筑形态。

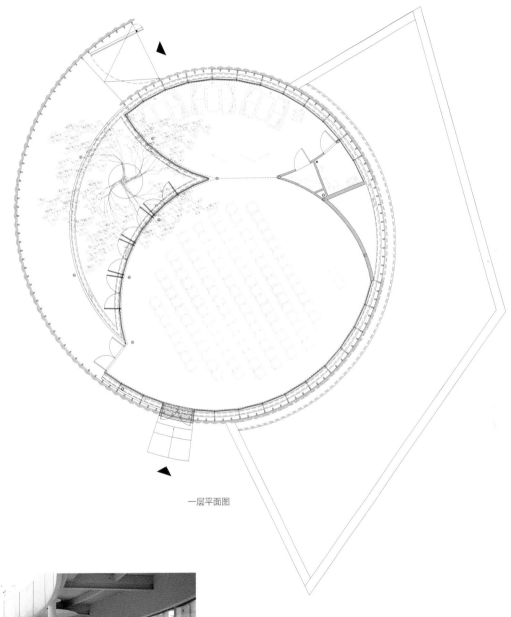

一层平面图

对页，本页：庭院内的咖啡厅

庭院内的空间可根据不同需求灵活地使用，如举办小型会议、展览、晚会、发布会、咖啡品鉴等多种功能。

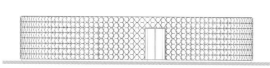

南立面图

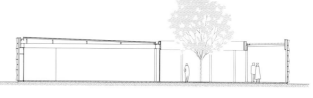

剖面图

本页，对页：庭院光影

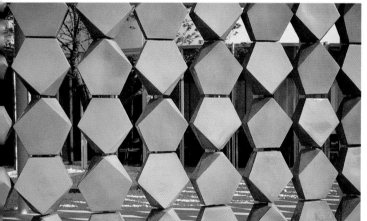

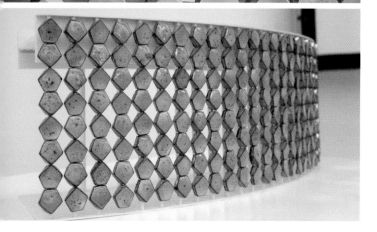

材料与营造

　　建筑的展览特征以及建筑与双年展主题间的呼应则是靠覆盖在这个圆形体量表面的瓷块来表达。呼应双年展"预制"的主题，将陶瓷作为立面上的干挂构件使用是常见及成熟的技术，这样建筑施工易控，工序清晰，出错概率小。选择这种预制材料还可以将建筑的结构设计、施工与预制瓷块的时间重叠起来，缩减了设计及施工时间，以满足展览的时间要求。

　　当然，陶瓷还具有很强的东方特征。建筑表面被瓷块覆盖后，从城市的角度来看，建筑体量虽小，但它具有很强的整体感。这种完整的体量表现出这座建筑应有的作为城市公共建筑的特征。

　　从建筑外的角度来看，每块陶瓷块的表面都与建筑正面呈一定的不同角度的倾角，陶瓷块象珠帘般从屋顶垂挂下来，在不同时刻及不同气候条件下反射着来自不同角度的光线，表现出不同的性格。

　　从建筑内的角度来看，这些陶瓷块在龙骨后面整齐地排列形成均质的韵律，并组合成一个平坦的背景，在视觉上不对人眼产生过多的干扰，让建筑内部显得更加简洁。

本页：瓷堂表皮陶瓷块珠帘。对页，上：街道望向瓷堂；下：施工现场

凑近建筑可以看到手工制作的瓷块表面淋上去的釉的纹理，瓷块釉面灵动的反光效果也让建筑具有了公园景观建筑的亲切感。

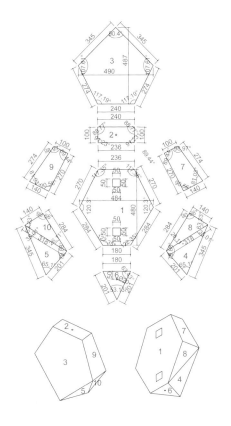

模块尺寸图（单位：mm）

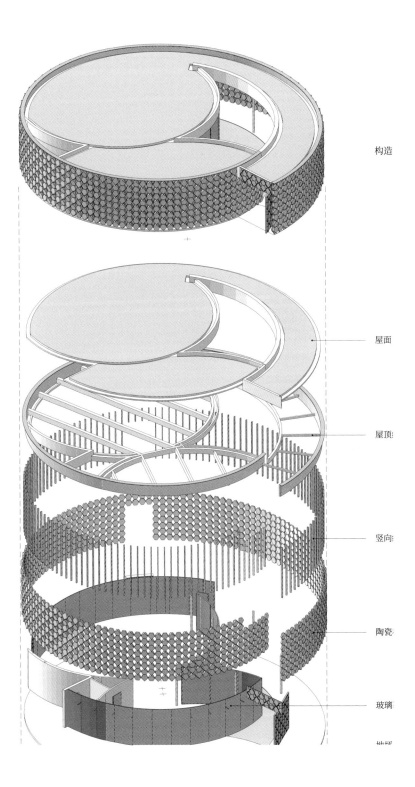

构造

屋面

屋顶

竖向

陶瓷

玻璃

地坪

表皮分析图

当代中国城市迅猛发展的一个现象是建造了一大批体量巨大的建筑。我们也接触了许多类似的项目，比如会展中心、交通枢纽和城市综合体等，它们呈现的表征首先是"大"，因此带来复杂性和多样性，进而迈向微型城市的特质；其次，它们与城市功能和公共生活密切相关，隐含着城市基础设施的属性。

"大（bigness）"，就像是上一章的议题"时间"一样，是建筑学值得探讨的词语。一方面，由于量大（物质上的），建筑势必成为城市或地区的"风景"，同时因其流量庞大的城市功能，它又不可避免地对城市或地区的公共生活产生重要的影响。如何处理建筑之"大"与城市的关系，成为建筑师应对当代城市发展的挑战。在我们的策略中，我们并不追求因为"大"而产生的视觉标志性，不强调宏大叙事的形式，而是着力回应它潜在的作为大型城市基础设施的特质，以一种平和开放的姿态来体现"大"的意义。"大"不在于形式的伟岸和巨大，而在于能容纳各种可能性的发生，由此激发和产生更多元和更具能量的场所，就如同微型城市。在这里，我们视建筑物为一个"容器"：会展中心是展览、聚集和交流的"容器"，港口客运站是出发和到达的"容器"，大型实验室是研究和创造的"容器"。"大的容器"是一种具有基础设施功能的媒介，它跨越经典建筑学的边界，包含了更多关于建筑城市性的意义。

与此同时，我们并没有简单地迈向功能主义的终点，而放弃空间和形式层面的探索。在摒弃以追求视觉纪念性的同时，我们通过外部平实而清晰、内部丰富而多样的空间策略来塑造城市的风景，这点与"容器"这一理念紧紧相连。在项目设计中，我们关注大地景观、地理意象、自然互动等城市性的理念，重视巨大的第五立面在城市中的文化表达，同时，我们也重视建筑单体在"小"的物质层面的操作策略，不止于结构、材料或构造，试图基于包络界面的建构逻辑来完成建筑学层面的表达。

2010 年上海世博会主题馆
Theme Pavilion of EXPO Shanghai

郑州美术馆新馆、档案史志馆
Zhengzhou Art Museum and Zhengzhou Archives

长沙国际会展中心
Changsha International Convention and Exhibition Center

佛山潭洲国际会展中心
Foshan Tanzhou International Convention and Exhibition Center

上海吴淞口国际邮轮港客运站
Shanghai Wusongkou International Cruise Port Passenger Building

包络
ENVELOPE

/

巨型与风景
MEGASTRUCTURE & SCENERY

采 访
INTERVIEW

Q 莫万莉 Mo Wanli ✕ **A** 曾群 Zeng Qun

Q "数量"与"规模"是当代建筑与城市，尤其是当代中国建筑面临的普遍挑战。库哈斯曾指出土地的综合利用、城市的碎片化状况及市场的驱动力量决定了建筑终将具有"大"的特质。在您看来，"大"在当代中国城市与建筑的语境中具有哪些特点呢？

A 我一直认为，作为一名大院建筑师，我有更多的机会在"大"这样一个议题中探索不同的视角。"大"作为一种当代空间现象，时常会令我思考"大建筑"应该以怎样的方式存在。在当代中国的语境中，当尺度积累到一定程度，它便天然地产生了几重影响。首先是对于标志性的诉求。"大建筑"自然而然地在城市中具有了极大的可见性。由此，时常会遇到甲方希望我们设计的"大建筑"能够在城市中形成一定的标志性和影响力。其次是"大"带来的复杂性和多样性，它令建筑内部具有了微型城市的特质。

Q 您的设计实践是如何具体地来应对这些由尺度之量变引发的影响的呢，在您看来，"大"又为建筑学的发展带来了哪些挑战与机遇呢？

A 我试图从基础设施的角度来理解"大建筑"。无论是高铁站、机场这类基础设施，或是会展中心等当代空间，它们均可以被视为一个容器，一个包络了各种流动性和活动的容器。对于我来说，此时形式的因素并非是首要需要考虑的，而第一需要解决的是一个如此之"大"的容器如何能够将各种各样的因素包络进来，各种因素之间的组合和关系是怎样的，它们之间会发生怎样的碰撞，又能如何激发更多的可能性。我经常说，建筑设计中有两种逻辑：小建筑要把它做大，在丰富性上更复杂；大建筑反而要有"小"的策略，要注重建构体系逻辑的简练、清晰和理性。由此，对我来说，"大"的意义不在于形式的标新立异和引人注目，而在于它是否能够真正地激发更多的可能性。当然，正如前面提到的，"大建筑"因其尺度之积累天然地具有一种标志性的可能，但我并不希望去强调这种"大"的视觉性，而始终致力于将建构体系的逻辑性与清晰性放在首位。当然，这可能会在无意中形成另一层抽象意义上"标志性"。

Q 2010年上海世博会主题馆可以说是这样的一个例子。您能展开讲讲当时的设计考虑吗？

Ⓐ　作为 2010 年上海世博会"一轴四馆"之一，它确实自然而然地具有强烈的"标志性"。我也曾做过几轮更强调建筑自身形象的方案。但当周边建筑已经具有很强的符号性，我逐渐意识到或许主题馆不需要通过视觉的或是形式的策略来强调它自身，更为重要的仍是如何以清晰的逻辑来建构这个"容器"。200m×300m 的尺度，使得主题馆本身是四馆中体量最大的，那么如何承托它的屋顶，既是一个结构的与空间的问题，这一面积近 6 万 m² 的屋面与城市的关系，又构成了需要考虑的重要因素。由此，我们的设计从屋顶入手。主题馆包括 3 个无柱大空间，其中最大跨度达到 144m，其余两处跨度分别为 36m 和 108m。那么如何在屋顶的统领之下，满足不同空间的跨度需求，成了一个重要的设计与结构问题。最终的设计方案通过杂交张拉结构巧妙地满足了两方面需求。此外，出于生态节能的考虑，屋面铺设了面积约 3 万 m² 的太阳能板。这一层太阳能板一增加后，便令很多人联想到上海老里弄的老虎窗，也无形中意外地具有了某种"符号"的象征意味。但事实上屋面的肌理源自了很多技术考量，比如如何隐藏排烟天窗、如何设置排烟通风，以及刚刚提到的太阳能板等。

Ⓠ　2010 年上海世博会主题馆的屋面最终构成了一种面向城市的风景。但与此同时，在世博会主题馆或是其他国际会展中心建筑作品中，人依然构成了这类建筑最为重要的使用者和体验者，那么您在设计中是如何去协调"大"之尺度与作为空间体验者的人之间的关系呢？

Ⓐ　诚然，在这些"大建筑"中，空间使用效率十分重要，但作为供人体验的公共空间，我们也试图通过更细微的处理来建立"大"空间与使用者感受之间的连接。比如在主题馆中，当三角形构成了屋面的主要母题并借助结构表现为室内空间奠定基调后，设计也同时通过斜向方格网以及大小不一的方向孔洞，在靠近可体验空间处，塑造更为丰富的细节。又如在长沙国际会展中心中，全长 675m、高 12m 的会展长廊作为联系各展馆的交通空间，是整座建筑中使用率最高的空间。由此，虽然它的整体尺度由会展中心的庞大体量决定，但在连廊中的建筑体量和细部设计中，都尽量营造小尺度的街巷感。位于顺德的潭洲国际会展中心连廊设计则通过对外开放的二层架空灰空间，在会展中心的"大建筑"中创造出更接近人体尺度的空间，同时也回应南方地区的气候环境。这些其实都呼应了前面提到的大建筑要有"小"策略。

里弄片段与叙事重构

LILONG FRAGMENT AND NARRATION RECONSTRUCTION

2010 年上海世博会主题馆
Theme Pavilion of EXPO Shanghai

里弄，上海独有的城市肌理与文脉记忆

世博会，面向世界的万国博览和文化盛宴

从里弄中来，化身为"城市，让生活更美好"的叙事舞台

到里弄中去，回归于城市中日常而又动人的都市客厅

基地位置　上海市
设计时间　2007 年
建成时间　2010 年
建筑面积　152,318m²

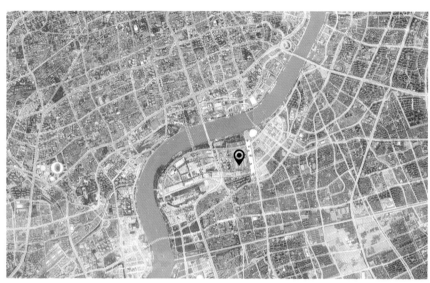

上：基地区位图；下：鸟瞰中国 2010 年上海世博会园区

意向与叙事

世博会——一个展现人类最新科技和理念的聚会，也是主办国或城市展示自己最好的舞台。2010 年上海世博会主题馆，作为永久性建筑"一轴四馆"之一的场馆，同样也承担着向全世界展示上海城市魅力的使命，同时还需要表达"城市，让生活更美好"的当届世博会主题。如何表达"上海"这个城市的意向和精神，说好上海的故事是设计需要关注的。同时，主题馆会后将是一个十几万平方米的展览中心，承担着城市基础设施的功能，我们希望在功能逻辑和叙事表达上找到一个平衡点。

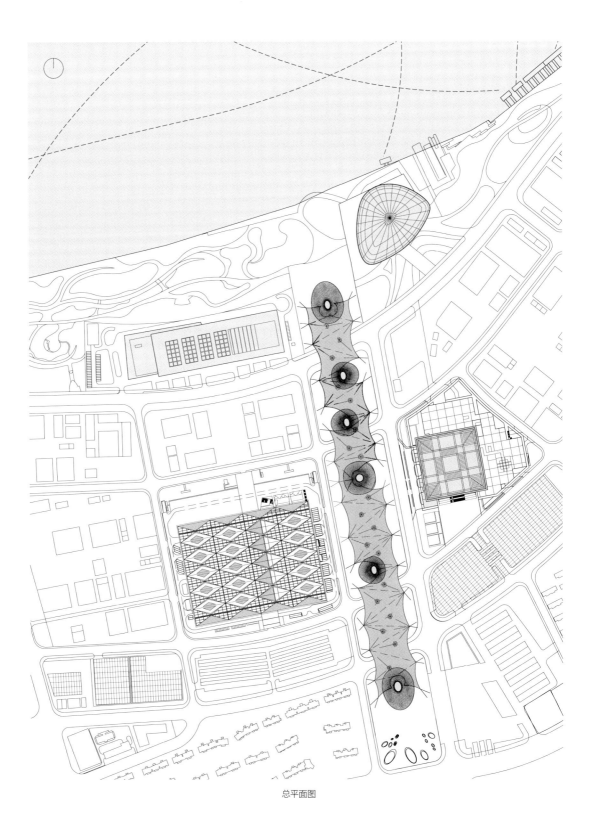

总平面图

模型图

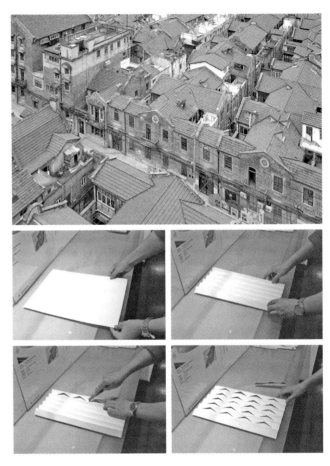

里弄记忆与折纸的立体构成

里弄片断与城市记忆：富有韵律感的里弄片断是上海城市肌理的主要特征，是创造上海城市美好生活的历史范例。
确立城市里弄肌理构思来源后，主题馆屋面形态的构成采用了折纸的立体构成手法，实现功能与形式的简洁统一。

    建筑并未追求宏大炫目的造型，而是采用简单的长方体，300m×200m 的平面高效紧凑，功能逻辑清晰。在叙事表达上，设计汲取了上海最具特色的城市景象——里弄屋面的肌理，通过太阳能板纵横交错富有节奏的组织排布，再现了里弄屋顶蔓延生长的意向，三角形元素使人联想起石库门的山墙和老虎窗。里弄是城市生活的空间载体，这也暗合了"城市，让生活更美好"的世博会主题。立面自下而上是由大到小的洞口，既控制了展厅的自然采光，又仿若是都市由近及远的窗口，夜幕下灯光透射出来，营造出一种"万家灯火"的都市空间意向。

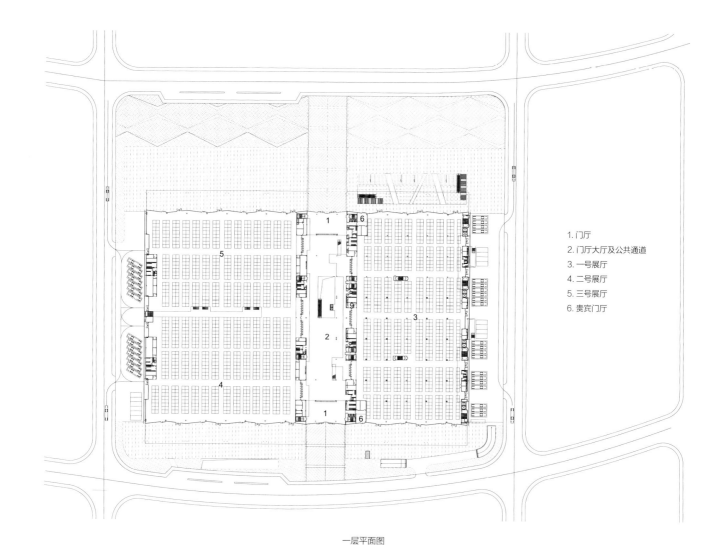

1. 门厅
2. 门厅大厅及公共通道
3. 一号展厅
4. 二号展厅
5. 三号展厅
6. 贵宾门厅

一层平面图

结构与空间

主题馆东西总长约 290m，南北总宽约 190m，总建筑面积 129,409m²，地上二层，为当时亚洲第一大跨度大空间展示建筑。主题馆由左至右分为三个大空间，其中西侧展厅为 144m×180m 的无柱大空间，中部为 36m×180m 的中庭，右侧展厅为 108m×180m 的大空间。上部整个屋面为水平投影 180m×288m 的钢结构屋面。由于左侧展厅空间最大，屋盖结构为超大跨度结构。针对钢结构屋盖的特点，本工程结构设计结合屋面建筑形态及下部使用空间的净空要求而采用杂交张拉结构，深入地研究了刚性子结构体系的选择与柔性索系布置以及二者的组合方式。同时对大跨度屋盖结构的施工过程进行模拟分析研究，对大跨度杂交张拉结构高难度施工过程的控制措施进行了深入的实地论证。

第 102-103 页：主题馆鸟瞰
对页：主题馆室内

2010 年上海世博会主题馆剖透视图

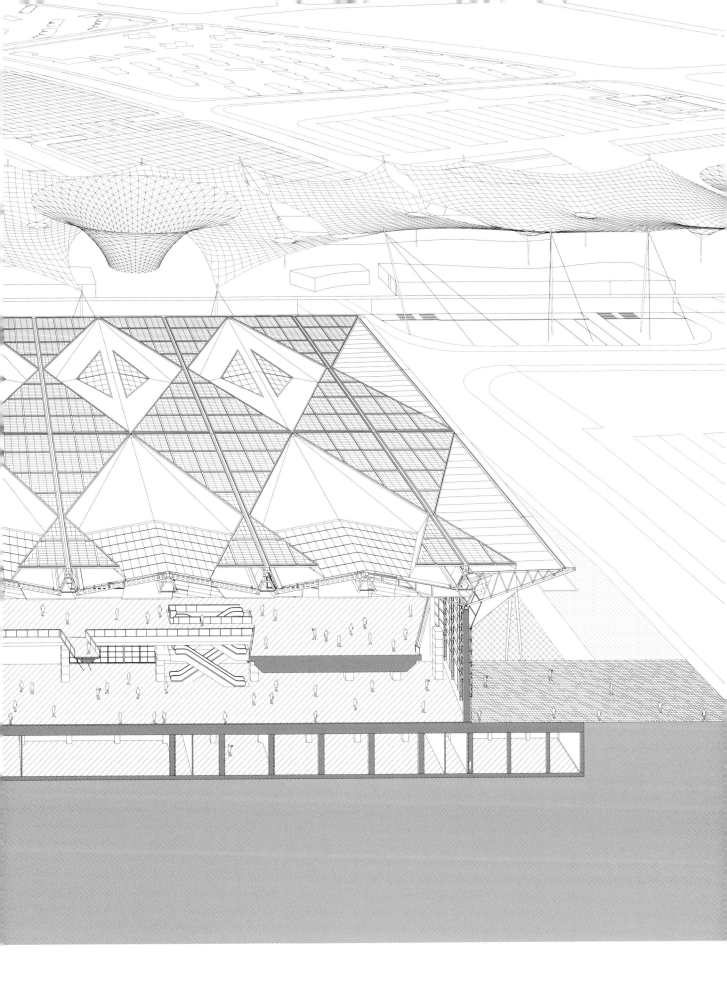

本页：夕阳下的中国 2010 年上海世博会主题馆。对页：挑檐局部透视

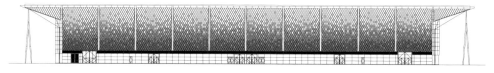

东立面图

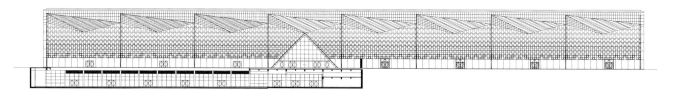

北立面图

1　太阳能光伏电池板
　　钢龙骨支架，环氧富锌底漆，氟碳漆冷涂饰面
　　直立锁边系统 1.0mm 铝镁锰合金板，外辊涂 PVDF 涂层
　　1.5mm 聚乙烯薄膜自粘型橡胶沥青防水卷材
　　100mm 单面铝箔玻璃保温棉，屋面板支架
　　50mm 玻璃棉吸声隔气薄膜层
　　1.0mm 铝镁锰合金穿孔板，外辊涂 PVDF 涂层
　　主体结构

2　太阳能光伏电池板
　　钢龙骨支架，环氧富锌底漆，氟碳漆冷涂饰面
　　16mmUV 聚碳酸酯中空板
　　钢龙骨支架，环氧富锌底漆，氟碳漆冷涂饰面
　　主体结构

3　外侧 1.5mm 镀锌钢板防水
　　100mm 单面铝箔玻璃棉保温
　　内侧 1.5mm 镀锌钢板防水

4　钢结构悬挑桁架
　　钢龙骨
　　3mm 穿孔铝单板，穿孔率 15%

5　1mm 压花不锈钢
　　不锈钢支撑转接件
　　Low-E 中空彩釉玻璃
　　铝合金龙骨
　　穿孔空腹钢结构抗风柱

6　Low-E 中空玻璃
　　铝合金龙骨
　　穿孔空腹钢结构抗风柱

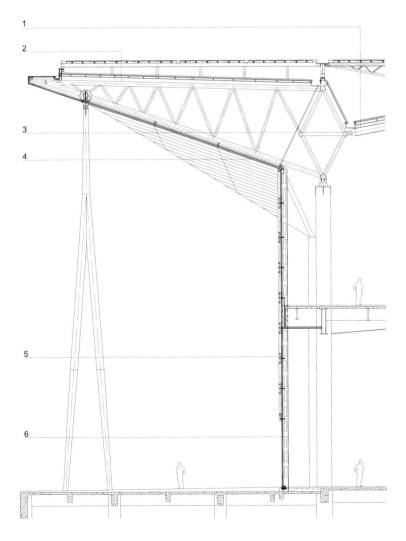

墙身大样图

主题馆西侧大展厅施工现场　　　　　　　　　　　　　　　　　　　　细材再用

可持续设计

主题馆建筑屋顶面积达到近 6 万 m²，屋面造型结合了上海城市里弄的概念用菱形主题进行演绎，同时将屋面采光天窗结合到屋面肌理中。其中排烟天窗藏在菱形空间内，侧面作百叶排烟通风，顶面则作为太阳能板，既起到美观的作用，又利用了绿色能源。面积达 3 万 m² 的太阳能板，总发电量达到 2.5MW，其规模为当年国内最大单体太阳能屋面。设计结合屋面造型，研究了利用主题馆屋顶菱形平面铺设光伏太阳能发电板的可行性。大面积太阳能集热 / 发电板的技术以及其与建筑的外观、结构、管路和智能化体系设计、施工的一体化是主题馆建成时的一大亮点。十多年后回望，太阳能转换技术作为消耗能量的建筑与能源供给相整合的手段，从那时候起逐渐成为建筑技术的发展方向。

主题馆东西立面设计研究了如何利用绿化隔热外墙在夏季阻隔辐射，并使外墙表面附近的空气温度降低，降低传导和渗风得热；在冬季既不影响墙面得到太阳辐射热，同时又形成保温层，使风速降低，延长外墙的使用寿命。其中不同的植物种类选择、种植方式、种植构架的设计以及维护方案是设计研究的关键环节。主题馆东西立面生态绿化墙面积达到近 5,400m²，其研究成果填补了当时国内大面积绿化隔热外墙应用的空白。

此外，主题馆设计中还采用了大量绿色生态节能设计策略，比如节能体形控制、节能建筑材料运用、智能灯光控制、雨水收集和处理、能源计量管理系统等，既是技术上的创新探索，又是绿色建筑理念的试验和推广平台。

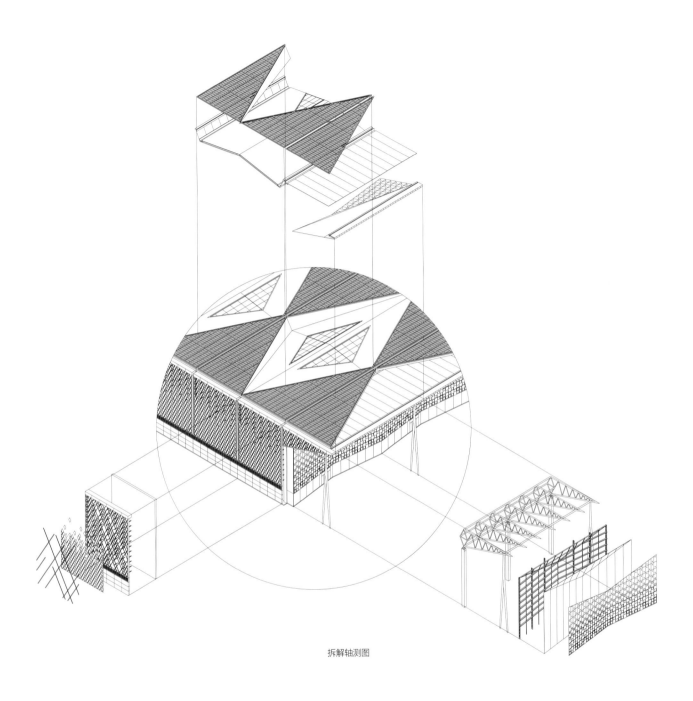

拆解轴测图

主题馆东西立面采用的垂直绿化生态墙面是新型保温节能外围护体系。该系统利用绿化隔热外墙在夏季阻隔辐射热，并使外墙表面附近的空气温度降低，降低传导和渗风得热；在冬季既不影响墙面得到太阳辐射热，同时形成保温层，又使风速降低，延长外墙的使用寿命。

孤岛与活力
ISLAND AND VITALITY

▲

郑州美术馆新馆、档案史志馆
Zhengzhou Art Museum and Zhengzhou Archives

设计试图塑造一个形态完整的放置于城市尺度的艺术"展品"以回溯当地的文化记忆

我们希望它是一个在场的"触媒"而非一座"孤岛"

成为连缀城市空间与历史记忆的桥梁

基地位置　河南省郑州市
设计时间　2015 年
建成时间　2020 年
建筑面积　96,775m²

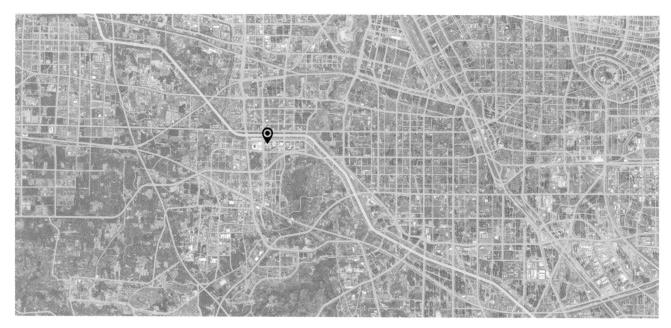

本页：基地区位图。对页：体量推演分析图

郑州作为飞速发展的区域中心，其城市化进程与历史记忆之间的涤荡冲突，为本次设计提供了一个二元化的复杂背景。郑州美术馆新馆、档案史志馆项目，位于郑州西部新城区一片由旷野中拔地而起的集群建筑片区，与郑州博物馆、郑州大剧院共同组成未来的"文博中心"组团。

孤岛：巨形街区中的建筑

郑州美术馆新馆、档案史志馆（以下简称美术馆）位于郑州新城开发区，新城是一处典型的速生城市，规划基本抹去了原生的肌理和文脉，几个重要的文化建筑围绕轴线广场展开布置，各项目用地均很大，建筑之间步行距离较远，坐落其中的美术馆就是这样一个城市"孤岛"。

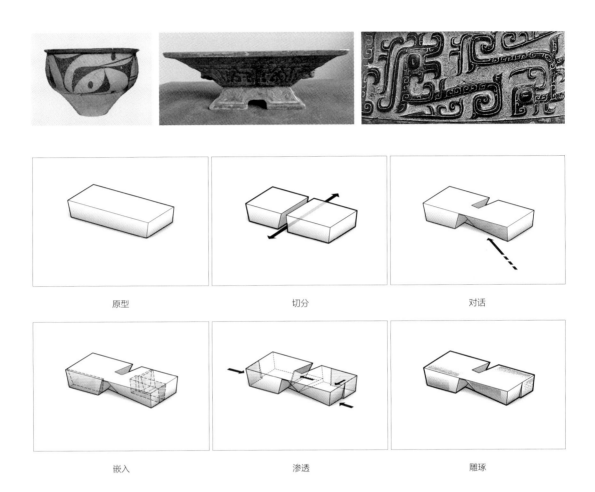

原型	切分	对话
嵌入	渗透	雕琢

原型与气韵

　　在建筑的赋形上，我们首先提出要用一个大尺度、有力量感的完整形体来契合规划结构，与周边的两大主要建筑形成对等的体量并产生对话。设计以抽象的气韵回溯地域文化，原型的由来从当地的商周艺术品和中原历史建筑中探寻华夏原始审美的形态共同点，并在"似与不似"之间营造一种"神似"的模糊意象。

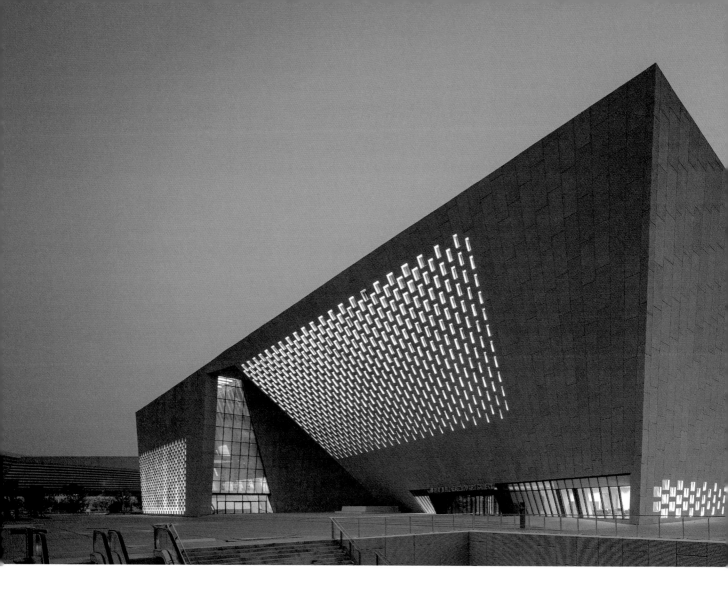

第 116-117 页：美术馆鸟瞰图
本页：美术馆整体形象。对页：项目建成后吸引的各类公共活动

没有城市氛围、没有周边肌理的约束和巨大空旷的用地尺度看似为设计提供了自由的发挥空间，但强烈的规划轴线以及与周边建筑的对话关系却又为建筑的尺度和形体塑造提出了挑战。

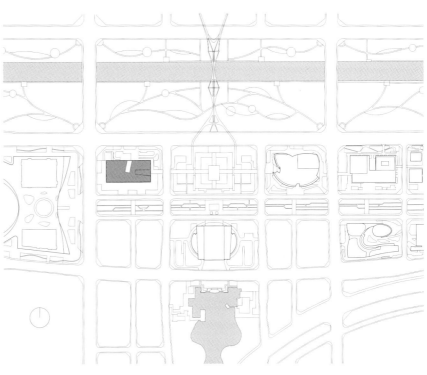

总平面图

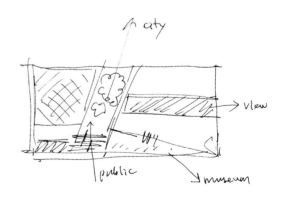

本页：两馆间的公共空间。对页：建筑主入口处的巨大扭面

建筑依照两馆的独立功能清晰明确地切分为两个体量，并形成中部共享空间。
在形体东南角面向两轴交点挤压体量，形成入口广场，融入城市开放空间。

活力：新生城区的触媒

在建筑的原型母题之下，逐步生长出的建筑形体明朗而干脆，线条利落而无过多矫饰。建筑四周恰到好处的斜面与切口分别对应了周边重要建筑或公共空间的环境要素，形体的收与放均与城市对景有关，体现了对场所精神的尊重。建筑的生成过程，即是模糊的意象原型在场所中的转化和落位过程中，逐渐清晰固化的过程。

设计依照两馆的独立功能清晰明确地切分为两个体量，在二层底座和顶部屋面板处将两馆相连，在形态上锚固成一座整体，同时形成中部的城市公共空间。这是一个供市民休憩和远眺的看台，与南水北调干渠和更北方的新城行政中心形成对望关系。

在建筑东南主入口处灰空间，设计打造了一个标志性的大扭面，塑造了一个不同角度富有微妙变化的建筑入口形象。面向城市广场的建筑东立面中通透的索网玻璃幕墙，在中庭中形成巨大的框景，展现东侧城市广场中熙来攘往的空间景观。

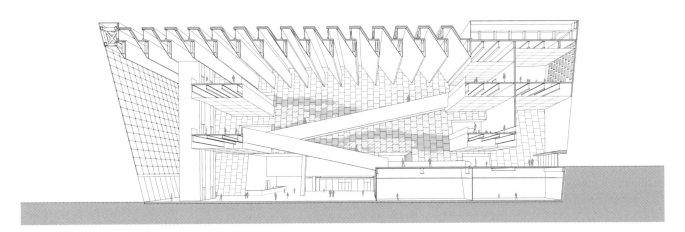

美术馆剖面透视图

峡谷与栈道

本项目在内部空间的塑造上力图以一个"内""外"统一的全盘策略打磨空间，从建构角度如实地反映和延续建筑外观。建筑体验的精华在于以使用者在参观路径中的身体感知为线索，并引入天然采光的元素为使用者提供空间和时间两个维度上的感知体验变化。

美术馆通过中庭组织空间，与外部扭面形体对应的外倒斜墙和栈道意象的楼梯结合，拾级而上，随着层数的升高空间愈发宽敞开阔，随着时间推移，顶部天窗洒下的光影不停地转变角度，打破了传统美术馆沉闷的环境和充满人工采光的"黑匣式"观展氛围。

对页，本页：美术馆室内中庭空间

档案史志馆门厅空间

　　档案史志馆因为功能特征所限，公共人流被限制在南侧较小的活动区域，设计通过边庭的引入，营造了一个峡谷意象的公共空间序列，各层楼板层层递退，小中见大，结合墙面的灵活开洞和顶部线性天窗的光影形成空间氛围上的节奏感。

1. 史志馆展厅
2. 史志馆文献收藏
3. 年检编修中心
4. 志书编修中心
5. 咨询服务大厅
6. 地情文献阅览区
7. 地情资料办公
8. 会议室
9. 多功能厅
10. 学术报告厅
11. 咖啡吧

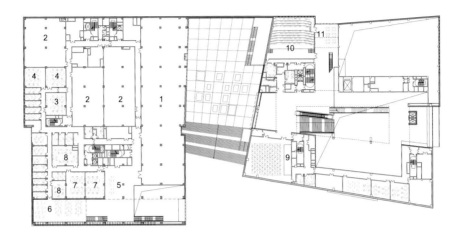

二层平面图

1. 门厅
2. 服务台
3. 档案馆接待查阅大厅
4. 档案馆查阅中心
5. 档案馆目录室
6. 档案馆固定大展厅
7. 档案馆临时大展厅
8. 美术馆主展厅
9. 多功能报告厅
10. 培训教室
11. 贵宾接待
12. 会议室
13. 科室

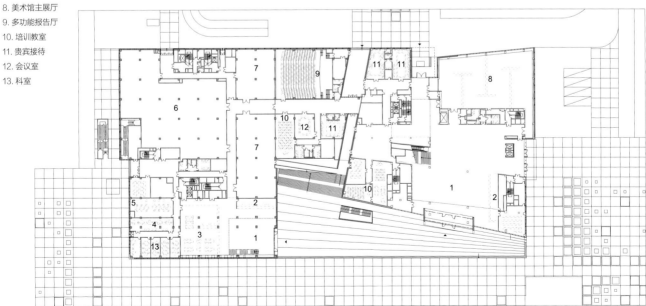

一层平面图

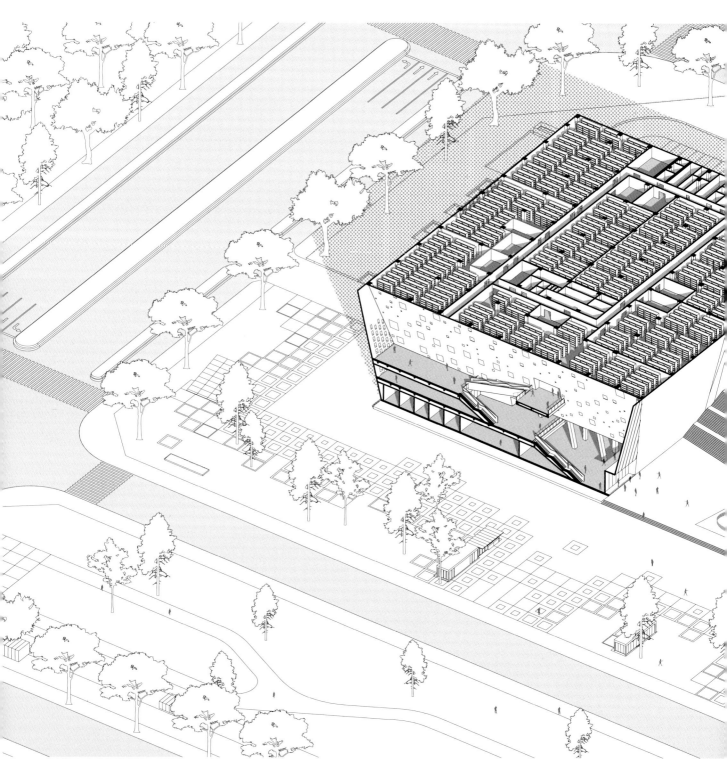

郑州美术馆新馆、档案史志馆剖面轴测图

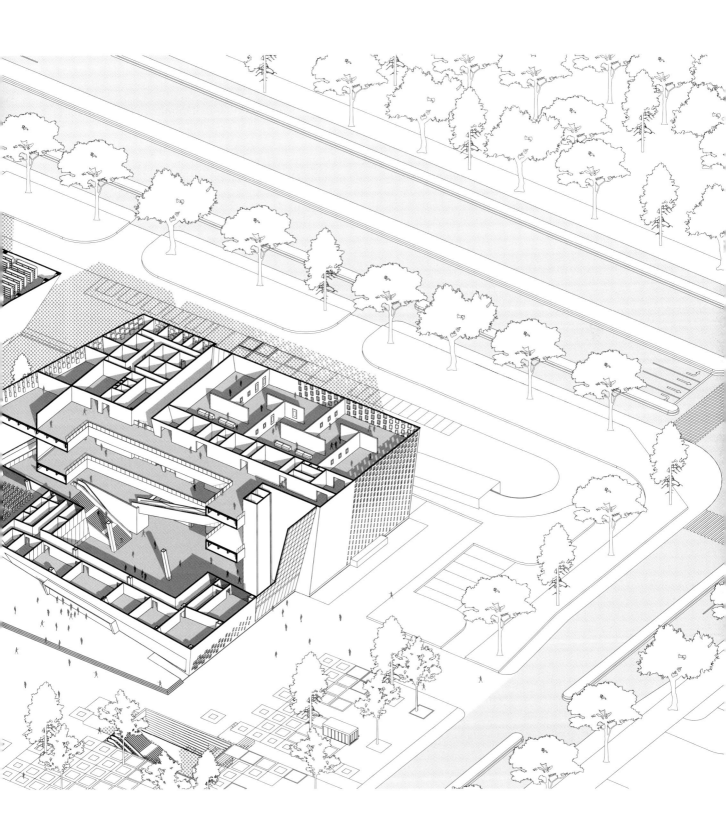

1. 门厅
2. 档案馆接待查阅大厅
3. 办公
4. 办公休息区
5. 美术馆主展厅
6. 美术馆常展厅
7. 美术馆展厅
8. 美术馆国际摄影展厅

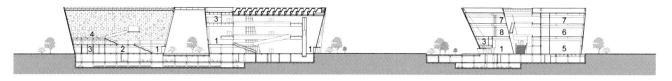

剖面图 1   剖面图 2

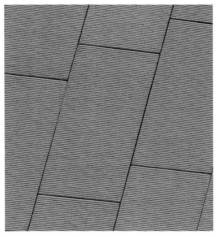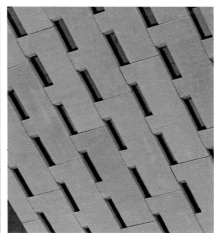

本页：建筑外立面肌理。对页：两馆中部连接体公共平台

精确与粗砺

建筑外立面采用暖灰色预制混凝土装饰板作为立面主材，整体色彩携带地域文化元素的基因，但通过当代化的处理提升又呈现出了崭新的面貌。条纹肌理使得建筑在大尺度的形体之下保持粗砺质感的同时，兼具了近人尺度的细节。立面开窗采用参数化演绎的渐变表皮肌理，取意于河南巩义石窟中凿刻过的历史痕迹，也如青铜器的铭文一般为建筑形体增添精致层次。

项目设计过程中的思考核心是，脱离传统意义上对文化记忆、对场所环境以及对空间塑造上的分别呈现和繁复拼凑，最大化地整合形式与空间语言，介乎于回溯历史与立足场地之间，用简单、整体的方式营造一个属于郑州的"艺术展品"和"活力触媒"。

美术馆中庭空间

2.5mm 氟碳喷涂铝单板
50mm×50mm×4mm 矩形钢管布置 3mm 角码
100mm 保温岩棉
80mm 混凝土结构板
主体结构钢梁

6Low-E+12A+6+1.52PVB+6mm 超 白
中空夹胶钢化玻璃侧向采光
干挂 20mm 厚 GRG 表面白色质感涂料
暗藏 LED 灯带

2mm S316 级不锈钢板 3% 内向找坡
100mm×100mm×5mm 钢龙骨
100mm 保温岩棉
主体钢结构桁架梁

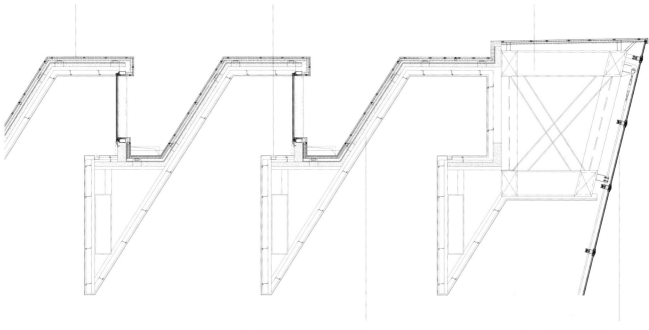

天窗节点详图

2mm S316 级不锈钢板及钢板排水沟
50mm×50mm×4mm 矩形钢管布置 3mm 角码
100mm 保温岩棉
80mm 混凝土结构板
50mm×80mm 铝合金方通
干挂 20mm 厚 GRG 表面白色质感涂料

2.5mm 氟碳喷涂铝单板压顶
8 +1.52SGP+8Low-E+12A+8mm 超白中空夹胶钢化玻璃
42mm 直径不锈钢横向拉锁
不锈钢索夹压盖
32mm 直径不锈钢竖向拉锁

天窗细部与光影

作为中庭空间的视觉中心，顶部的天窗细部既是天然
光引入与漫射的媒介，同时又以轻巧的姿态包裹了拉
结两馆形体的顶部结构钢梁。天窗巨大的尺度传达了
结构的力量感，明快的线条又通过变幻的光线雕琢出
了细部的精致感。

超级容器与巨型风景
SUPER CONTAINER AND MEGAFORM LANDSCAPE

◢

长沙国际会展中心
Changsha International Convention and Exhibition Center

具有城市基础设施性质的巨型建筑

它承载着不同的人群活动

也表现为一组装载着即时性、动态性功能的超级容器

一组被精心构思的简单却无比丰富的建筑群落

基地位置　湖南省长沙市
设计时间　2012 年
建成时间　2017 年
建筑面积　44,500m²

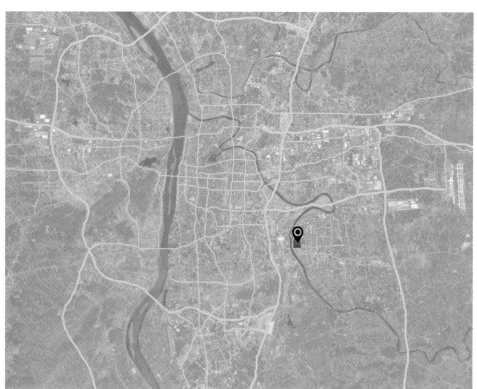

基地区位图

多义的城市基础设施

一个当代的容量巨大的会展中心具有多重的含义，由于会展不仅是商业行为，更是一种融合商业、观展、消费、体验、交流等多种行为的城市活动，故而会展中心是一个以展览和会议为主的多功能复合的城市综合体。但是它又不同于通常意义上的商业综合体，它承担了很多城市性和城市级的公共事件和活动，是城市活动的容纳器和发生器，从这个意义来说，它是城市基础设施的一种，是城市运营和发展的一个重要的物质载体。

会展中心因其重要性，通常一方面会被赋予成一个城市的标志，因而对其建筑的形象、寓意、象征等文化属性有很高的追求。而另一方面，大部分展会活动会在一周内完成从布展、参展到撤展的活动周期，有时甚至更短。这样，会展中心具有了"临时""快速""效率"的某种属性，是容纳活动的"周转仓库"，这种属性决定了它不同于剧院、图书馆等城市性建筑的文化性意义呈现，而是更倾向于城市基础设施的语义表达。

鸟瞰基地全貌

长沙山体、水文资源丰富，整个城市依山而建，因水而兴，有"山水洲城"的美誉。长沙国际会展中心紧邻湘江支流浏阳河，基地独特的自然维度成为构思的首要出发点。展馆侧面采用反弧形天际线，撷取岳麓山之意向，亦为长沙的潇湘水韵，源自于中国传统建筑大屋顶的灵动一笔，营造出一幅浏阳河边的写意山水画。同时，沿河连续舒展的屋面，加强了从高铁站和浏阳河岸远观的标识性，令人过目难忘。

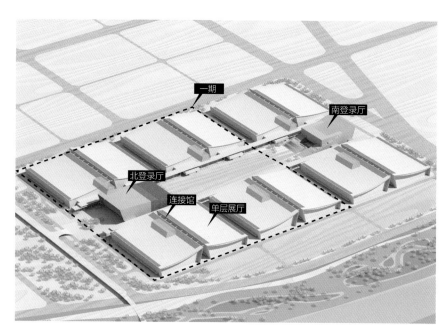

第 136-137 页：会展中心鸟瞰，错落有致的建筑群落
本页：功能分析。对页：会展连廊沿中心展场一侧整体透视

超级容器

会展中心总建筑面积 44.5 万 m²，其中地上约为 31.4 万 m²，地下约为 13.1 万 m²。总用地面积 53ha，场地相对规整方正，东西方向短边尺寸为 568~670m，南北方向长边尺寸达到 820m。超常的规模与宽阔的用地，带来了脱离于周边城市肌理的巨大尺度。

设计者首先研究了当代大型会展建筑中最普遍采用的梳式布局，根据项目的方正用地，将梳式布局进行适当变形，中央轴线一分为二，向两侧平移，形成围合式对称布局：主次登录厅分别位于南北两端，广迎八方来宾；十二个巨型展览"容器"，两两一组，之间设置连接馆，满足复合多功能使用；展馆内侧通过两条 12m 宽的会展长廊串联组织，登录厅、长廊、展馆共同围合的庭院为室外展场。建筑群外围为会展环路，连接展馆间的货运装卸区。简洁高效的组织方式，妥善地处理了各个功能之间的关系。

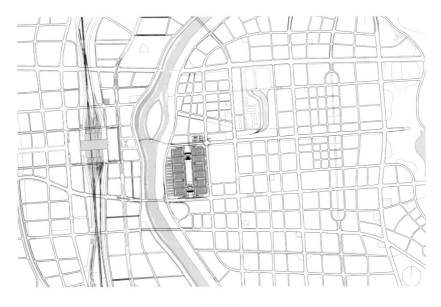

总平面图

长沙国际会展中心轴测图

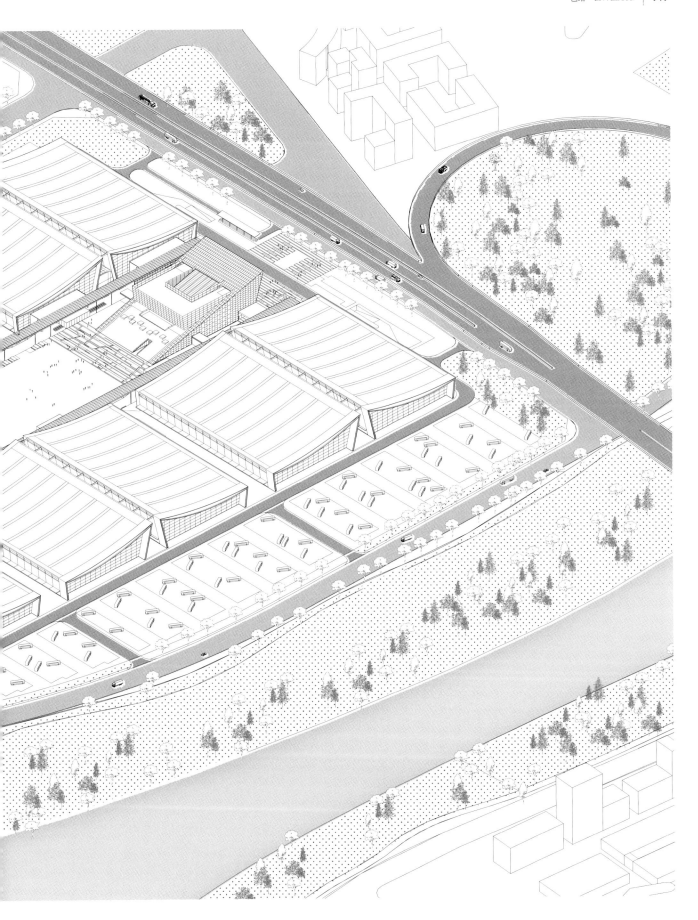

一期东侧总体鸟瞰

巨型风景和逻辑建构

长沙国际会展中心的设计关注城市基础设施和人文性双重语义下的建构表达。富有韵律、绵延起伏的屋顶呈现出传统建筑的韵味，暗合了长沙的山水城市风貌，也呼应了基地旁浏阳河 "弯过几道弯" 的意向，构成新的巨型城市风景。

建构这个风景的策略是逻辑和理性的，十二座重复的 "容器" 采用了工业化程度很高的钢结构体系，简洁清晰的形式与高效的结构支撑了人文属性的表达，一起成为建筑重要的内核。

展馆单元以两个展馆为一组，每个展馆平面柱网尺寸设计为 162m×90m，其中间部分为无柱大空间，有 162m×81m 的净展览面积，而辅助用房沿展馆两侧长边设置，进深 4.5m。单个展馆净展览面积达到 1.35 万 m²，加上中间 27m×54m 连接馆，一组展馆净展示面积接近 3 万 m²，可以满足大多数展览的需求。为创造自由的大型无柱展览空间，作为展览"容器"的场馆屋面配合山水意象造型采用张弦梁结构，形成了反弧形的天际线。

一组两个展馆在高处相对，对应的张弦梁及桁架之间通过反鱼腹式钢梁相连，提高了结构侧向的刚度。一组展馆之间，底部为展馆次要货运通道，轴线距离 27m，满足中型货车通行并原地掉头。而通道顶端最窄位置仅 8.4m，加上韵律排列的反鱼腹式钢梁，形成了类似"一线天式"的有趣空间体验。

每两组展馆之间的间距则达到 36m，可满足大型集装箱货车通行并原地掉头，形成最主要的卸货场地。悬挑 5m 的通长雨棚提供了全天候高效布展、撤展的可能，同时定义了大型车辆使用所需要的超级尺度感。

左，中：展馆侧面；右：连接厅外部透视

本页，对页：会展连廊

效率与体验

以会展期间在短时间聚集大量人和物、浓缩大量活动而言，效率是衡量会展运营成功与否的关键因素。与此同时，当代会展已经超越了简单的商业活动，正成为公众休闲的一种生活方式，人们体验的沉浸式和多样性同样重要。从这个意义来说，它不只是一个效率的空间机器，也是需要充分展现丰富人文性的场所。

会展长廊仅占会展中心地上建筑面积约 5%，除了高效联系各展馆外，为了给参展人员提供就近服务，其底层及局部二层还设置了附属的洽谈室、快餐店、咖啡店、便利店、银行等小型配套设施，是整个建筑中使用率最高的场所，其空间感受决定了参观者对整个会展中心的尺度印象。因此，连廊中的建筑体量和细部设计都尽量小尺度化，与人的身体直接关系。长廊全长 675m，为了减小大量人流聚集时的压迫感，连廊顶部高度为12m。在保证通达、指引、视觉连贯的前提下，设计在靠近每组场馆的局部设置二层建筑，此外有若干"服务盒子"悬挑于室外展场一侧，并利用天桥与主体建筑相连，有效地化解了通高、超长路径的大尺度感受，带来了丰富的行进体验，使两侧景象以步移景异的方式逐渐呈现。

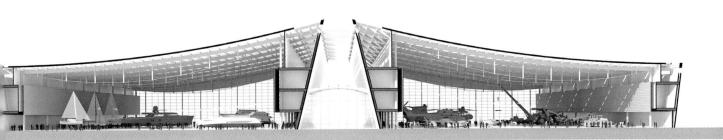

剖面透视图

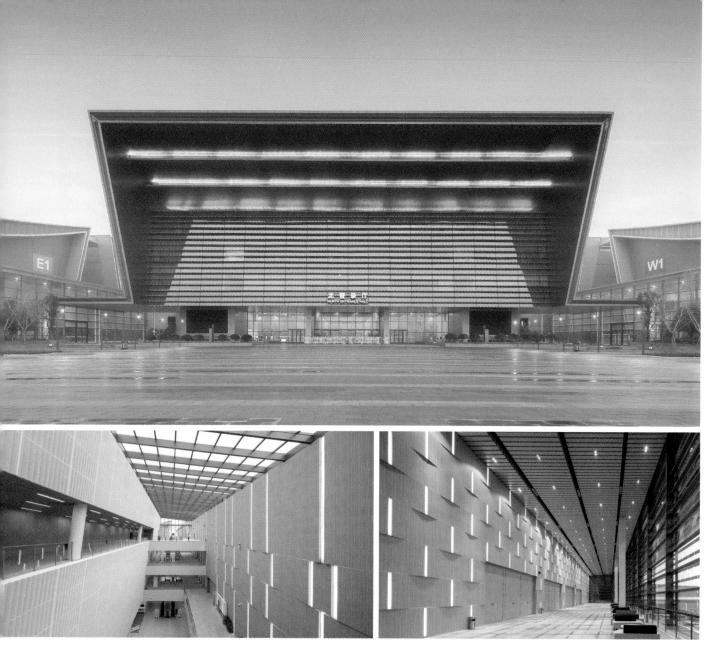

上：北登录厅入口透视；左下：登录厅中庭；右下：登录厅多功能厅前厅

登录厅作为会展中心的入口，也是建筑群体对外的窗口，采用"门"式造型。两侧向下的竖框水平转折至展馆连廊，如同展翅飞翼。顶部前倾的巨大挑檐则呈现出欢迎的姿态，迎接来自四面八方的参观者。

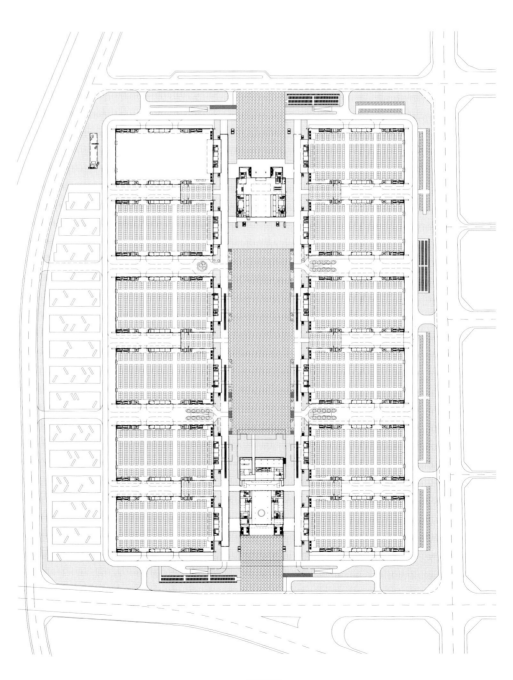

一层平面图

1　镀锌钢丝网（50×50×1.5）
　　50mm 憎水吸音玻璃棉（32kg/m³）
　　0.25mm 隔汽膜
　　0.6mm 厚压型钢板（室内侧表面氟碳喷涂）
　　屋顶主体结构

2　银灰色 L 形型材式铝合金格栅 150×300@300（表面氟碳喷涂处理）
　　100×50×4 钢管 @3,000（表面氟碳喷涂处理，颜色同格栅）
　　屋顶主体钢结构

3　反鱼腹形连接钢梁

4　银灰色 3mm 穿孔铝单板（表面氟碳喷涂处理）
　　180×100×5 支撑钢管（表面氟碳喷涂处理）
　　深灰色铝合金瓦楞铝板（表面氟碳喷涂处理）
　　防水透气膜
　　100mm 保温岩棉
　　1.5mm 镀锌钢板
　　室内装饰面层

5　8+12A+6+1.52pvb+6 超白 Low-E 中空夹胶玻璃
　　300mm（H）钢龙骨
　　拱索钢结构

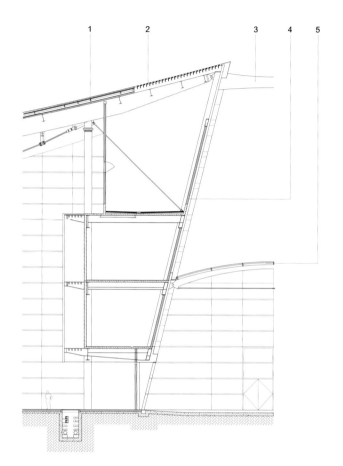

墙身大样图（单位：mm）

本页，左：各组展馆间主要货运通道；中：连接馆结构施工现场；右：展馆间反鱼腹式钢梁施工现场。对页：展馆内部次要货运通道

本页，上：展厅侧立面；中：单元展厅立面；下：登录厅中厅侧立面。对页：展馆室内

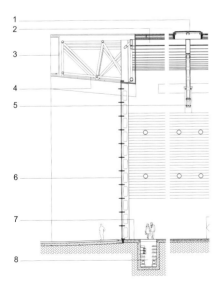

墙身大样图（单位：mm）

1　3mm 铝单板饰面成品排烟天窗
　　140×80×4 镀锌钢管
　　侧边 2mm 包梁铝单板
　　屋顶主体钢结构

2　1.0mm 铝镁锰合金屋面板
　　0.5mm 防水透气膜（高度聚乙烯材料）
　　100mm 憎水保温玻璃棉（32kg/m³）
　　镀锌钢丝网（50×50×1.5）
　　50mm 憎水吸音玻璃棉（32kg/m³）
　　0.25mm 隔汽膜
　　0.6mm 厚压型钢板（室内侧表面氟碳喷涂）
　　屋顶主体结构

3　PTFE 膜（上下拉紧固定）
　　主体悬挑钢结构桁架（表面热镀锌处理）

4　3mm 厚氟碳喷涂铝单板
　　70×50×4 方钢管龙骨（表面热镀锌处理）

5　主体张弦梁

6　250mm 深氟碳喷涂铝合金横向装饰条（内嵌泛光灯具）
　　8+12A+8 双银 Low-E 超白中空钢化玻璃
　　300×80×10 钢横梁（表面氟碳喷涂）
　　800mm 深工字钢穿孔空腹抗风柱

7　100mm 厚 C30 混凝土固化剂地面
　　内配 Φ6@150 双向钢筋
　　2 厚高分子防水涂料隔潮层
　　200 厚钢筋混凝土基层内配 Φ10@200，双层双向
　　200 厚 C20 混凝土垫层
　　压实回填土，粉性土或粉性黏土（掺入 30%~50% 的碎石）
　　压实系数大于 0.9510
　　原状土（粉质枯土）

8　设备主管沟
　　设置强电
　　网络
　　上下水等主管（预留检修空间）

折宇之下
UNDER THE ORIGAMI ROOF

◤

佛山潭洲国际会展中心
Foshan Tanzhou International Convention and Exhibition Center

设计取材于折纸文化

以"纸"为外衣，翻折变化出独特的屋面造型

折宇之下

合理组织会展建筑复杂的功能体系

为城市打造出一个地域特征明显、标志性独特的综合性国际化会展中心建筑

基地位置　广东省佛山市
设计时间　2015 年
建成时间　2017 年
建筑面积　115.346m²

基地区位图

背景与布局

　　潭洲国际会展中心位于顺德北部片区北滘镇上僚片区，潭洲水道以南，佛山一环路以西，是"广佛同城"一体化建设进程中打造产业集群的关键点之一。在珠三角城市群产业转型转移的背景下，顺德也开始从劳动密集型的一般加工业，逐步向资本、技术、知识密集型的先进制造业和高端产业转型。

　　因此，一方面产业型会展中心将成为珠三角西岸共融的触媒点，对推动顺德会展新城发展、打造华南地区最大的专业性产业会展中心发挥重要作用。潭洲国际会展中心诞生之初，便注定需要具有独特的建筑形态，成为该区域的标志性建筑。

　　而另一方面，会展中心不同于一般的文化建筑，它有非常理性的功能诉求——单一重复的大跨度平面、标准化的展位，加之合理的结构形式，才能适应其多样、灵活、高效的展示功能要求。因此，会展中心展厅平面形态应尽可能方正，形体高度变化不宜过大，结构形式须清晰明确……这些功能需求都与本次项目的标志性诉求对立，如何干预和平衡功能与形式之间的关系成为本次设计需要解决的关键问题。

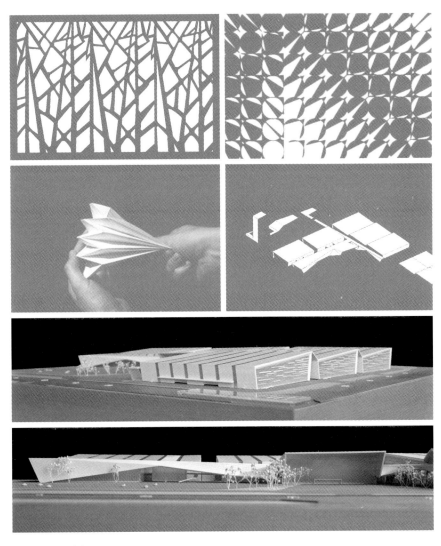

概念表达：剪纸与折纸

在立面设计上，将剪纸艺术抽象化，赋予连廊渐变的长条形立面肌理，在视觉上给人以透空的感觉和艺术享受，成为剪纸中的镂空艺术的传承。

会展中心包含展览、登录、会议、餐饮等多种功能，这些功能需要整合在一个具有整体性的框架之下，以"纸"为外衣，将其覆盖，纸面的高低起伏暗合了建筑的不同功能。形态自然而有力量，反映了顺德人坚毅不拔的性格特征。

意象与形象

　　结合地域文化的特征，潭洲国际会展中心以折纸及剪纸艺术为设计灵感。建筑整体以"纸"为外衣，通过翻折的手法，将展览、登录、会议、餐饮等不同功能整合在同一形式母体之下，构成高低起伏的建筑整体，形成具有视觉冲击力的标志性会展建筑形象。

　　设计将建筑群南侧的公共配套区屋面及连廊屋面翻折下来进行立面一体化处理，综合利用抽象后的剪纸艺术中的剪、刻手法，赋予其渐变的长条形立面肌理。参数化设计的天窗及立面百叶丰富了整个建筑，暗合了岭南剪纸文化。

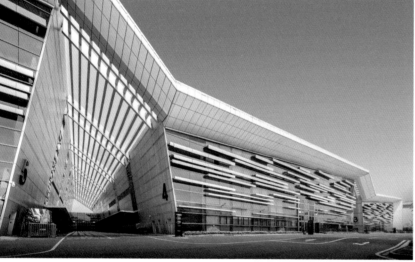

第 156-157 页：西南侧整体鸟瞰透视
本页，上：西南侧展场透视；左下：展馆东立面透视；右下：登录厅及西侧架空灰空间

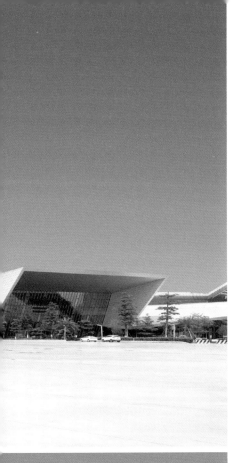

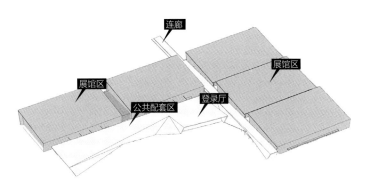

功能分区示意图

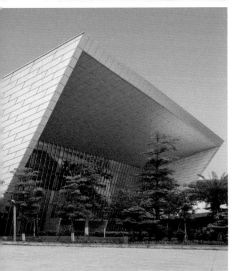

从设计策略方面，主要考虑以标准化的展馆来保证会展建筑的核心功能，以公共配套区丰富的形体变化来烘托建筑群体标志性。公共配套区的空间位于高低起伏的屋面体系下，散落的不同功能体量之间形成灰空间。

设计以开放性为主，符合南方地区的气候环境。来到会展中心的观众，首先看到登录厅、会议中心和连廊组成的完整立面形象——如同折纸般起伏的外形。登录厅处折板自然高起，引导观展人流，在连续纸面中翻叠出高潮，突出了主登录厅的形象；折板西侧为第二个高点，与多功能厅相结合；折板中部形成的折纸自然下垂板面在炎热的南方地区起到遮阳的作用；折板侧面及顶面的采光天窗设计，让室内及架空区拥有富有变化的自然光线。

相对于公共配套服务区非常具有视觉冲击力的标志性形象，展厅设计则着重考虑其功能需求，更加趋理性。考虑到辅助空间的经济性及南北设备层的不同需求，展馆北高南低。东侧连续排布展厅，形成转折连续的屋面形态。同时，面对基地东侧非常重要的交通要道佛山一环路，展馆屋面连续起伏的折线韵律也形成了高速路上独特的风景，呼应总体的标志性特征。

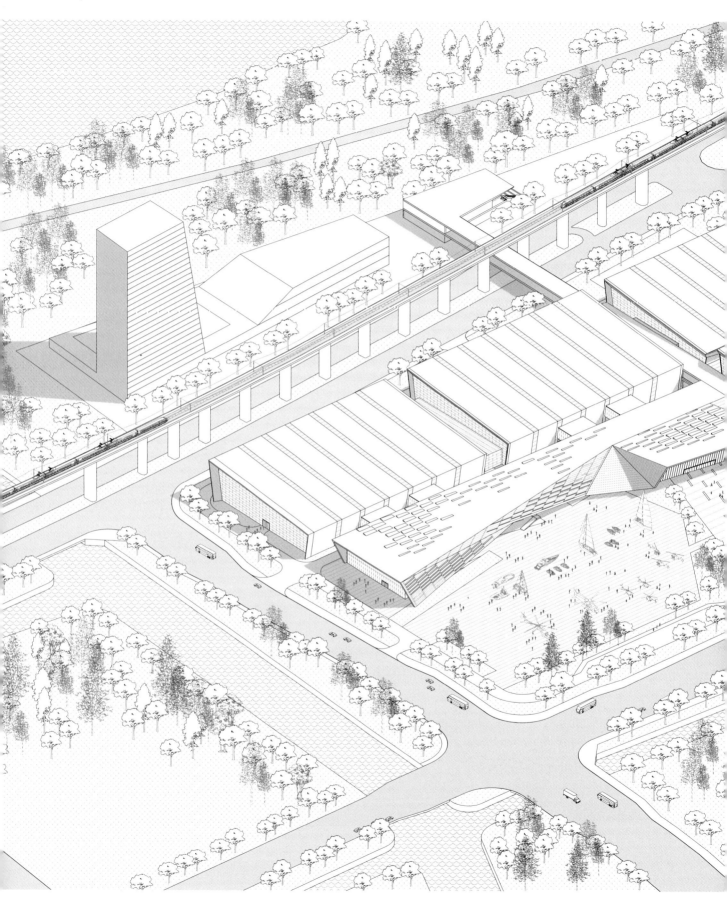

佛山潭洲国际会展中心轴测图

1. 前区广场
2. 室外展场
3. 登录厅
4. 餐厅
5. 会议配套
6. 单层标准展厅

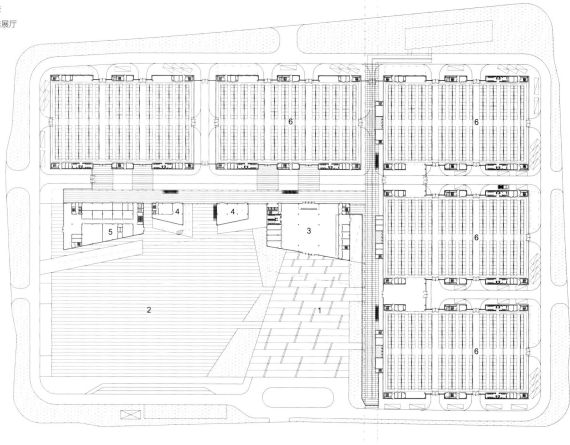

一层平面图

展馆东北侧沿街透视

功能与理性

在展馆功能设计方面，纵观国内外大量展览中心展厅规模及展览需求发现，国内市场70%的展览所需展厅总面积均在3万m²以下，除少数超大型博览中心的单个展厅面积可达3万m²外，大多数展厅面积都在1万m²左右。因此选择1万m²的标准展厅，既避免了更大型展厅存在的疏散等方面的劣势，也更适合本项目产业型会展中心的定位。这样成组布置的中小型展厅，相较于大型展厅，有建设工期快、使用灵活等优势。并且通过就近展厅之间的连接厅，可将展厅实现彼此串联，使展览规模扩大至3万m²左右。而连接厅平时可作为货车通道及展厅的卸货区，举行大型展览时则封闭起来，使用灵活。

单层展馆为无柱大空间，标准单层展厅的柱网尺寸为81m×126m，中部为无柱大空间，净展览空间尺寸为72m×126m，采用经济性好、建设周期快的桁架结构建造。每个展厅由8品倾斜三角桁架组成，与外立面折线造型相呼应。桁架截面采用三角形，采光天窗位于每品桁架上方，桁架下设置遮阳膜避免阳光直射。桁架在跨度方向的转折不仅增加了室内净高，也与屋面的转折一脉相承。大气简洁的折线贯穿展馆内外，平衡建筑形态与功能需求，强化建筑标志性。

对页：展馆之间卸货区透视。本页，上：展馆内部空间。遮阳膜很好地调节了室内的光线品质，避免了阳光直射入展厅。同时，遮阳膜和其内部隐约的结构为展厅增添了几份感性，赋予了展厅人性化的色彩；下：会议中心二层架空活动空间。连廊的空间设计以开放性为主，将不同功能的形体打散，置于连廊下，形成对外开放的灰空间，符合南方地区的气候环境。

海市蜃楼
MIRAGE

▲

上海吴淞口国际邮轮港客运站
Shanghai Wusongkou International Cruise Port Passenger Building

海市蜃楼，在这个夹在城市与江面之间的位置，希望建筑能恰当的介入

回应城市的需求也融入大自然的背景

海上画卷，试图通过轻盈的姿态、渗透的界面与淡雅的色调来呈现这一意象

让建筑成为吴淞口风景的一部分

基地位置　上海市
设计时间　2015 年
建成时间　2019 年
建筑面积　55,408m²

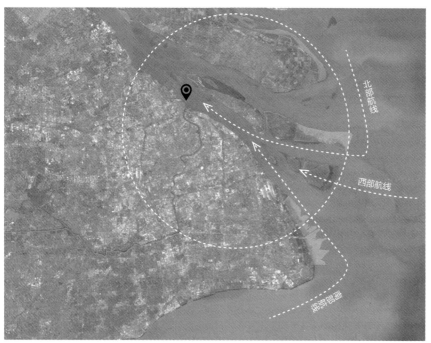

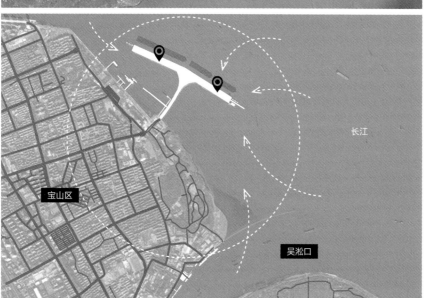

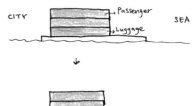

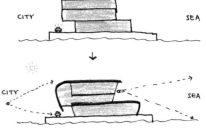

区位关系、客运楼与城市整体剖面关系

基地位于长江与吴淞江交汇处，东入东海。自明清以来就是中国东海的海防与江防要塞，如今成为国际邮轮客运的交通集散枢纽。本项目后续工程由原有码头向两翼扩建而成，建成后能够同时停靠两艘 15 万 GT 和两艘 22.5 万 GT 级邮轮。

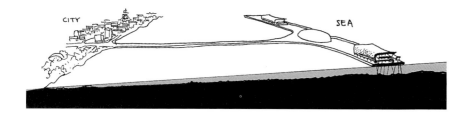

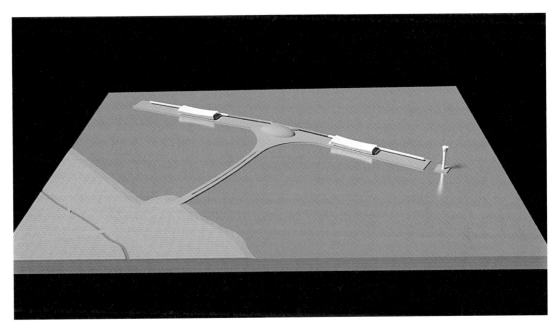

上海吴淞口国际邮轮港客运楼模型图

从海防要塞到国际邮轮港

　　近年来，随着海上旅游产业的迅速发展，吴淞口凭借自身重要的历史地位和地理优势，身份也随之转变。江口的景象从军舰到邮轮，从炮台到公园，从海防要塞到邮轮码头，到现在已经成了国内最大的国际邮轮客运的交通集散枢纽。上海吴淞口国际邮轮码头一期工程于 2010 年建成，经过多年的发展，其业务量逐年大幅度提升，目前吴淞口国际邮轮码头已成为亚洲第一、世界第四大的邮轮码头，原有的一期建筑和港口既无法满足日益增多的邮轮靠泊要求，也无法满足日常巨大客流的使用要求。根据对 2020 年吴淞口国际邮轮码头的邮轮旅客吞吐量和邮轮靠泊艘次的预测，在原有两个泊位的基础上再新建两个大型邮轮泊位，项目总建筑面积 55,408m²，完成后三座客运楼总建筑面积达到近 8 万 m²，基本可以满足四船 3.8 万人次 / 日旅客的出入境需求。

风景与意象

　　基地位于吴淞口炮台湾公园对面的水上平台两翼，不同于普通的海港邮轮中心，考虑到邮轮吃水深度，基地水工平台是通过 800 多米长的引桥深入长江内部，形成平行于岸线的线型靠泊平台，从公园远远望去整个邮轮港映衬在纯净的自然背景中，像是漂浮于水面。长度接近 1,500m 的平台在浩瀚的江面上显得沧海一粟，建筑规模与大风景的尺度形成巨大的对比。因此，探讨以何种姿态的意象呈现在这浩瀚的大自然风景下成了设计的出发点。

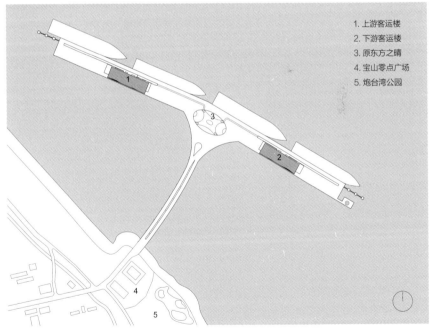

1. 上游客运楼
2. 下游客运楼
3. 原东方之晴
4. 宝山零点广场
5. 炮台湾公园

总平面图

对页：东海一侧鸟瞰邮轮港全貌。本页：吴淞口码头

风景，作为被广泛使用的中文词汇，在日常使用中多指供人观赏的自然景象。从建筑学层面看，风景和建筑有着密切的联系，是基地和此处的历史文脉、地理环境等提供给人们的所有场所信息，通过重构解读而形成的对场所的认知。设计之前，看看"此地"的地理文脉与时间线索，寻求建筑与它们之间的关系，以求获得建筑的恰当性。

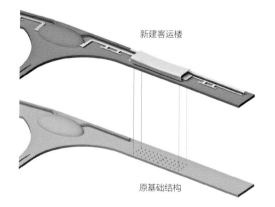

新建客运楼

原基础结构

在我们介入项目之前，水工平台和建筑结构柱位已确定，结构桩基已基本完成，水工平台宽度 80m 且有诸多不规则的分缝，基础结构柱网为 14m×11m，对于一个国际邮轮母港的客运楼建筑来说原水工平台宽度和柱跨都过小，不甚合理。柱网、荷载和结构形式的限定对本项目的功能组织和空间建构提出了很大的挑战，我们试图在此苛刻条件下，通过巧妙的流程与空间组织和精确合理的建构，不动声色地为游客提供一个愉快的乘船与游览体验。

鸟瞰邮轮港

　　蓝天碧水与邮轮码头，原始自然风景与高度工业文明如何共存一处，我们试图去捕捉二者之间的联系，将新建的客运楼融入此地的文脉，既体现出跟城市的呼应，又应该对周围的大自然敬畏。本着这样的初衷，提出了最早的"海市蜃楼·海上画卷"的意象。海市蜃楼，在这个夹在城市与江面之间的位置，希望建筑能恰当地介入，回应城市的需求也融入大自然的背景；海上画卷，试图通过轻盈的姿态、渗透的界面与淡雅的色调来呈现这一意象，让建筑成为吴淞口风景的一部分。

连桥上看上游客运楼

尺度与界面

邮轮港客运楼从城市职能来讲接近于机场，接驳游客换乘的大型交通枢纽，但是建筑与使用对象物的尺度对比有着截然的差别。以此港目前停靠的最大邮轮——海洋量子号邮轮为例，长达 348m，可容纳 4,180 名乘客，甲板以上就有 11 层，相比 178m 长的客运楼，形成了很大的视觉反差。某种程度上，客运楼只是进入邮轮的一个门厅的过渡空间。考虑到在如此庞大的背景物压制下，客运楼本身应该以一种简洁完整的姿态来呈现，才能避免被宏大背景压制掉自我的存在感。因此，形体以纯净的几何原型——卷曲画卷的作为意向，在完整简洁的大形体下通过表皮的弧线扭转形成流线型的建筑形态，造型整体以圆润的几何感与现代性，与一期东方之睛的姿态有所呼应。

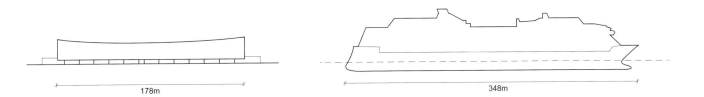

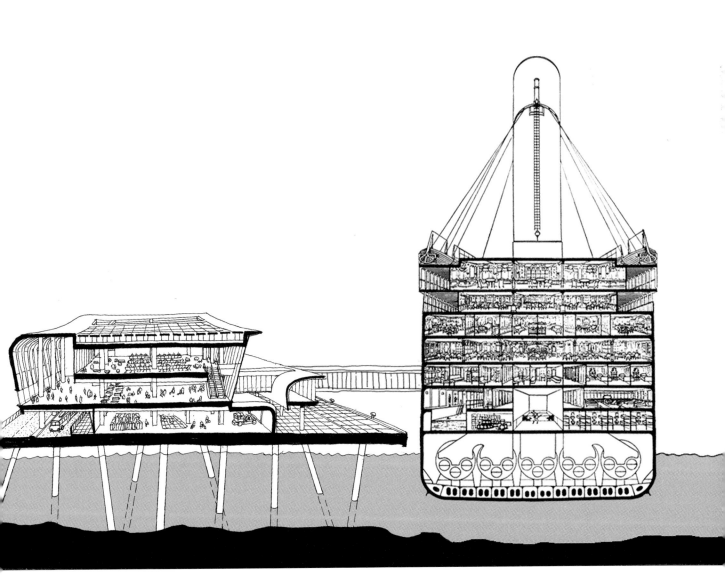

客运楼与邮轮尺度对比

从公园看邮轮港

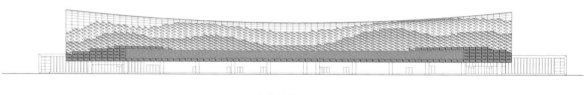

朝城市侧立面图

1. 行李房
2. 联检区
3. 休息区
4. 出境门厅
5. 入境门厅
6. 设备
7. 设备平台
8. 扶梯

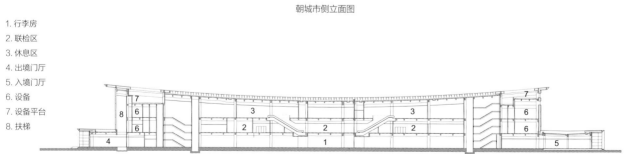

剖面图

　　在原水工平台宽度有限和柱网已定的条件下，如何解决建筑两端穿梭车道的问题成了影响建筑形态的一个重要因素。根据流线与功能的要求，建筑主体分为三层，底层为行李空间，上部两层为过关等候空间。因主体建筑的长度基本被已有结构限定，为了获得合理的区域车行交通组织，结合现有柱网结构，通过将底层行李空间往外错动的方式提供檐下连接两端的车行通道。上部两层在面向城市一侧，以卷曲的画卷姿态呈现，提供一个向背后城市展示的界面；面向江面一侧，则从游客体验角度考虑，采用通透的全玻璃界面，提供开阔的自然景观视野。设计从剖面出发，解决既有现状问题的同时，建构了整个建筑的基本空间形态。

本页：上游客运楼。对页：客运楼入口侧形象

　　水工平台宽度的限制，使得游客基本无法近距离地参与建筑两侧的界面，因此这两侧以整体的方式来分别向城市与江面展现建筑的姿态。而在建筑的两端，为了化解主体建筑完整性与游客身体体验性之间的尺度差距，设计考虑在游客可近距离参与的界面建立一个过渡尺度。因此，建筑出入口采用深挑檐与大面积透明玻璃来构建一个渗透性的界面，柔化了游客进出建筑的身体体验，同时自然地营造出独特的建筑入口空间场所。

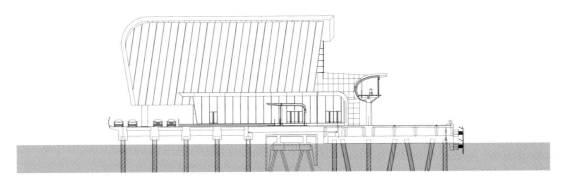

主入口立面图

1. 出境门厅
2. 联检区
3. 边厅
4. 等候休息区
5. 设备
6. 登船廊道
7. 步道

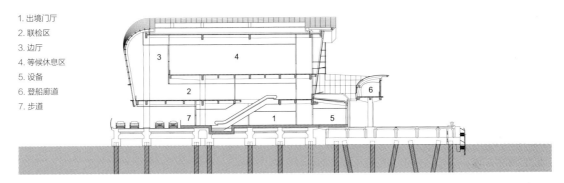

主入口剖面图

边厅室内

边厅、表皮与光

作为邮轮的客运楼，短时间的巨大人流是运营的一个常态，为了释放内部游客拥挤的空间感受，在二三层设置整个沿江面的边厅空间，使得游客在通过不同等候和联检空间之间能够获得一个空间感受和视觉高度上的释放。作为边厅空间的"光筛"，当南侧的光线穿过不同大小的孔洞撒入中庭，整个中庭空间洒满婆娑的光影。随着一天中时段的不同，借助着江面波浪的反射，婆娑的光影随之摇曳，十分动人。透过底层一片开敞的玻璃幕墙，也能眺望到远处的湿地公园和城市景观，使得游客得到心理和身体上的放松。

表皮局部

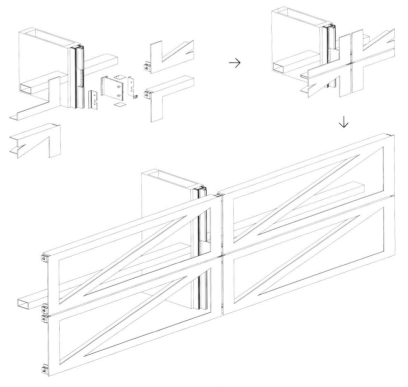

表皮构造示意图

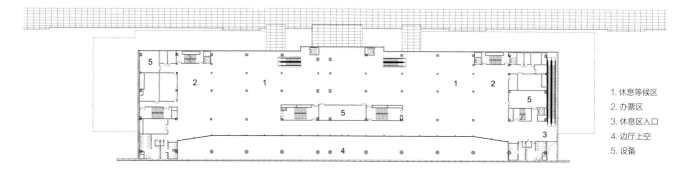

1. 休息等候区
2. 办票区
3. 休息区入口
4. 边厅上空
5. 设备

三层平面图

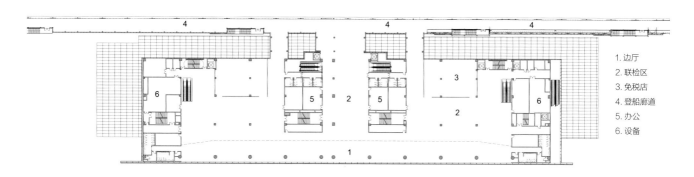

1. 边厅
2. 联检区
3. 免税店
4. 登船廊道
5. 办公
6. 设备

二层平面图

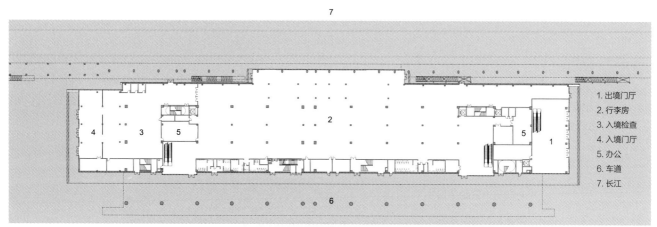

1. 出境门厅
2. 行李房
3. 入境检查
4. 入境门厅
5. 办公
6. 车道
7. 长江

一层平面图

本页：客运楼南侧立面夜景
第 184-185 页：落日余晖中，两艘游艇停靠于邮轮港

　　结合内部通高空间，建筑南立面与屋顶形体通过三维曲面联系成为一体，进一步强化建筑形体纯粹性与室内空间的趣味性。几何抽象的山水画图案通过大小变化的三角洞口的渐变来体现，赋予立面灵动的表情。三角开洞的铝板幕墙系统通过定制的隐藏式节点构件，保证内外形式的一致性。作为结合朝向岸侧的表皮，山水的表皮作为一种符号语言不仅在城市视角提供了一个建筑的识别性，也是作为边厅空间的"光筛"，当南侧的光线穿过不同大小的孔洞撒入中庭，整个中庭空间也被洒满婆娑的光影。

　　我们在各个层面反复对此地风景给予回应，选择恰当的介入方式，希望这样一座在蓝天碧水之间生长出来的"海市蜃楼"也可以成为此地风景的一部分，为全世界的游客带来对于海洋风景的憧憬。

"**密**度"是当代城市和建筑学的另一个重要议题。一方面，它指向通常意义上的建筑容量和覆盖率。通常，高层建筑是对城市高密度最直接的应对方式，楼板的垂直增值满足了密度对量的需求，但也形成了竖向空间的区隔，以及面对大地和城市的疏离和封闭的姿态。另一方面，密度概念又传达了更多义的建筑的空间构成逻辑和方式，以及建筑功能和行为的组织模式。在实践中，如何应对不同场地带来建筑的"量"的挑战，我们给出了不同的"密度"策略。多单体和群落的建筑是我们经常碰到的方式，也是我们时常主动采取的策略。这里，密度的意义在于消解垂直方向的容量叠加，通过多个建筑空间的组合和水平向度的延展，使建筑更符合日常行为的空间体验，同时与场所和土地产生更好的互动，打破了建筑与城市以及自然之间封闭和对立的状态。

密度的另一个概念不仅体现在建筑群体的组织之中，也蕴含在单一建筑的内部机制和建构方式中。在我们实践的一些建筑中，因为单体建筑容量的巨大，各种基本要素包括功能、流线、空间等高度复合和叠加在一起，它们互相作用、牵制和杂糅，并进一步反应，在内部激发出更大的能量和更多的可能性，从而催生了更具潜力的建筑。这一探索在世博会主题馆和巴士一汽改造等项目中有足够的体现。在巴士一汽的改造中，在巨大的平面层叠里复杂的功能需求、庞大的人流和信息流、多样的交流与体验场所交织在一起，使得建筑内部呈现出微型城市的丰富性，在堆叠的密度中包容了多种的可能性和不确定性，并激发了场所深层的创造力。在这里，诸如"满铺"的策略等可以从库哈斯的"拥塞文化"中寻找到可比照的观念。

由此可见，密度具有质和量的多义话题，它们往往引出不同甚至截然相反的结论。对此，我们并不固守单一主张，我们既关注量的维度中建筑物之间的布局和组织，也关注质的维度中建筑内部要素的塑造和重构，并在此基础上寻求探索开明设计的内涵和意义。

融合
FUSION

/

包容的密度
THE DENSITY OF INCLUSIVITY

采访
INTERVIEW

Q 莫万莉 Mo Wanli × A 曾群 Zeng Qun

Q "数量"与"规模"之挑战所引发的另一个议题便是"密度"。尽管密度并非当代建筑学的新议题，但基于当代建筑与城市发展的语境，您是如何理解"密度"这一概念的呢？

A 我觉得存在两种对于"密度"的理解。第一种是过去的、也是通常意义上的密度，这种密度和建筑与建筑、建筑与场地之间的关系以及尺度相关。第二种密度是一种复合的密度。它不仅是空间上的，也是功能的、物质的、事件的。对我以及我的实践创作来说，后一种密度概念更为重要，即在一定的建筑空间中，能够容纳多少可能发生的活动、事件、状态等等。具体来说可能有两种处理方式。第一种方式往往外形看似简洁，但内部却异常丰富，第二种方式先将功能内容打散后再重新聚合为一个新的复合空间。刚刚完成的苏州山峰学校更接近第一种方式，把不同的教学功能复合于一条长向体量之中，而最近赢得的深圳平湖学校竞赛，则采取了后一种打散和串联的做法。我觉得两种处理方式各有千秋，往往会根据不同的现场以及功能需求进行判断与调节。

Q 谈及"密度"，尤其是"高密度"，它往往令人不由自主地联想到一种重复叠加的垂直空间状态。在这种情况下，您是如何通过复合的"密度"来营造空间的丰富性和多义性的呢？

A 确实，尤其在高层建筑设计中，往往很难去打破这种重复的垂直密度。在类似项目中，我的设计策略是通过具有公共性的"基础设施"的引入，来创造层与层之间的联系。比如，深圳光明科学城项目通过公共空间在不同高度上的叠加，在项目地块内形成一种城市性。光明区位于深圳城市边缘，过去主要负责为城市供给农产品。由此，设计依然保留了场地的自然特征，通过地景的塑造以及覆土屋面、连桥、坡道和台阶的处理，在几座建筑物之间形成开放的平台。此外在 8 层设置空中客厅，连接两座单体。但与此同时，围绕隶属于不同学科的实验室与科研空间，仍非常严谨地基于空间使用的高效性，展开设计。这样一来，在两种密度——空间的垂直密度和行为与事件的复合密度——之间形成了一种互相依托和支承的状态。

正在施工中的同济大学上海国际设计创新学院裙房也采取了类似的处理。设计希望通过倒梯形的切削，尽可能多地面向社区形成开放的氛围。而裙房的体块处理也和建筑结构相关，恰好解决了变形缝的问题，并且将一个技术性的问题转化为了一种空间的塑造：在"缝"下形成如"一线天"般的峡谷空间。

Q　在垂直"密度"之外，同济大学建筑设计研究院新办公楼项目中则产生了另一种特殊的水平"密度"。从基础设施建筑的单一平面向微型城市的转变过程中，设计和塑造水平"密度"又采用了哪些设计策略呢？

A　同济院的新办公楼，也就是前巴士一汽的停车楼，虽然整体建筑高度不高，却如压缩饼干一般，复合了非常多元而丰富的内容。今年恰好是项目完成的第十年，在这十年中，作为我们每天工作和生活的空间，也目睹了它的不断"生长"和变化，令空间的"密度"变得更为丰盈。在设计之初，很难想象今天的同济院规模会发生如此之大的扩张，几乎翻了一倍，所以这座办公楼也不断地优化原有的空间使用状态，挖掘既有基础设施的新的使用可能性。譬如，利用原先的坡道作为员工健身房，利用屋顶平台设置篮球场等，甚至形成了一条可以从一楼穿越员工食堂等公共空间连通屋顶的路径。

　　在我看来，非常有趣的一点正是由于原先基础设施建筑的尺度才承载了现在的水平"密度"和空间可能性。从某种意义上来说，这座办公楼也是前面提到的"容器"，而改造设计则是基于一种基础设施建筑的视角而展开：首先布置内院，然后是 9 个结合电梯的疏散楼梯，再配合楼梯布置了 8 个小庭院，以改善采光及室内微环境。这样一来便形成了一个新的基础设施空间构架，它构成了之后的空间划分、再利用以及各种活动与事件发生的基础。由此，最终的办公楼打破了通常企业空间的枯燥乏味，更接近大学校园的氛围，各种交流和碰撞能够在此发生。尤其在一层的公共空间中，设计通过不同材料——鱼鳞状穿孔铜板、玻璃、混凝土、木质表面等，来塑造一种微型街道和城市之感。这里也曾举办了如建筑作品展、中学生机器人大赛、珠宝设计展甚至国际交流活动等。基于复合的水平"密度"，整个空间成了一个事件的发生器，而这种自由交流的氛围，也令我们的日常工作受益匪浅。回到前面关于尺度的议题，这一复合的密度以及事件的发酵，几乎无法在一个小建筑中出现，而只有在"大建筑"中，才能有如此之多的可能性得以发生。

Q　与其他建成相比，"寄所"以大胆、创新的展览提案形式构成了香港垂直密度的另一种可能。能展开讲讲这个项目的构思吗？

A　这个项目是一个"命题作文"。2018 年威尼斯建筑双年展香港馆的策展人、香港大学建筑系教授王维仁邀请我们参与"垂直肌理：密度的地景"策展计划。策展人邀请了 100 位来自全世界的建筑师，基于一个 210cm×36cm×36cm、1:100 比例的模型，呈现 100 座想象中的高层建筑，以此来回应香港城市的高密度现实，并试图为特定的城市问题提供一种解决之道。与其他参展作品在这一框架下展开想象不同，我的参展作品试图去解构这一框架，即把这个 210cm×36cm×36cm 的限制范围想象成建筑之间的一处空隙，而设计了一个能悬挂和依附在楼与楼之间的公共空间结构体。在某种程度上，这个装置就如同"寄生"在既有的高层建筑上一般，为高密度私有化城市在三维空间中创造出新的公共活动的可能性。提案是对城市密度的一种回应，即我们如何能够更好地利用三维空间去塑造当代城市的公共性。

约束与释放
CONSTRAINT AND RELEASE

苏州实验中学
Suzhou Experimental Middle School

对地域文化特色进行深层次探索

突破循规蹈矩的校园空间模式

创作出一处既有鲜明地域特征，又具有自由空间与精神的新型校园建筑

基地位置　江苏省苏州市
设计时间　2013 年
建成时间　2016 年
建筑面积　62.487m²

基地区位图

"苏州风格"与批判地域主义

　　自明代以来，富庶的经济与丰富的文化及自由的民风相互影响鼓舞，共同把苏州塑造成一个既有文化品质又具现时活力的城市。今日看来是文化遗产的明清私家园林，在当时就是社会成功人士追逐的消费产物，造园的风气一时你追我赶，蔚为时尚，因此，苏州的文化内涵天生伴随着消费主义的基因，这个城市的空间和建造一直与文化和消费保持着一种紧密的关系，这种现象表现最典型的是苏州建筑"粉墙黛瓦"的形式，已经逐渐演变成消费层面的"江南风格"。特别是近30年，经济社会急速发展，人们在匆忙之中很快找到了这种风格，"粉墙黛瓦"这一标准语汇被大量无节制地使用在苏州的当代建筑中，迅速地把这种"文化标识"消费在建筑之中。

　　我们可以清晰地感知到这种流行于中国特有的"地域文化特色"的设计，与费兰普顿的批判地域主义之间有着天壤之别。这种标识化的地域文化表达蜕化为一种简单形式主义的图景，我们该采用什么方式来应对，如何做出更好的语言表述，是我们在实践中思考和呈现的东西。

　　苏州高新区在城市建设方面与绝大多数中国城市新区别无二致，宏大的规划，宽阔的道路，"国际风格"（或有地方特色点缀的"国际风格"）的建筑，缺乏活力的街区等。而原址重建的苏州实验中学则是一所历史悠久的学校，因此建设方顺理成章地提出要有"苏州风格"这种无可回避的诉求。如何应对这种的诉求，又创造出超越风格且更具价值的设计是我们关注的重心之一。

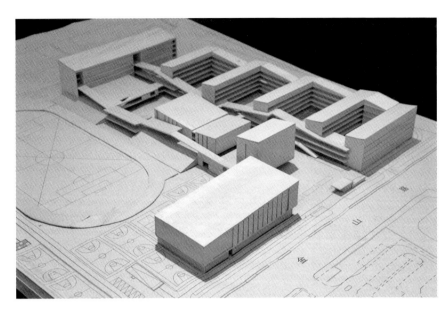

模型图

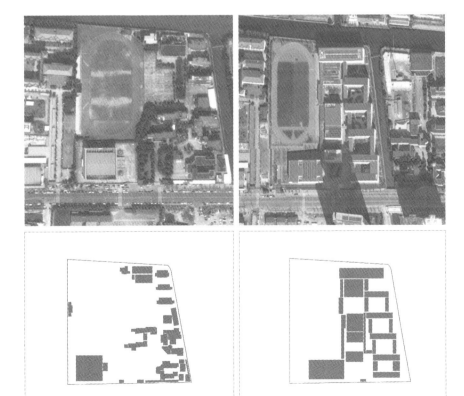

传统书院肌理重现

项目在建筑布局形态上汲取了江南书院式富于层次的空间形式,力求重现传统书院的"围合式"肌理布局。

旧校舍原有肌理　　　　　　　　　原址重建后新校舍肌理

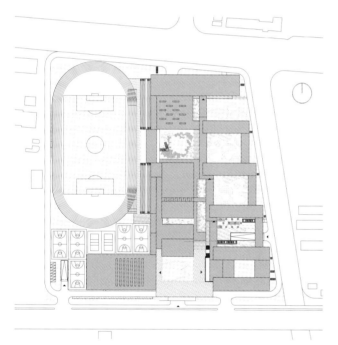

总平面图

校园整体鸟瞰图

"释放"的空间

中小学建筑在现有建设体制、教育模式和严格规范的多重限制下，功能和空间形式被要求尽量遵循约定俗成的模式，然而，高中又恰恰是最需要交流、想象和行动的成长阶段，我们希望突破这种固化模式，寻求更多的"释放"，在规则之外通过拓展更多的边界来应对"模式"和"秩序"带来的束缚，成为在地域文化之外寻求的又一个设计着眼点。

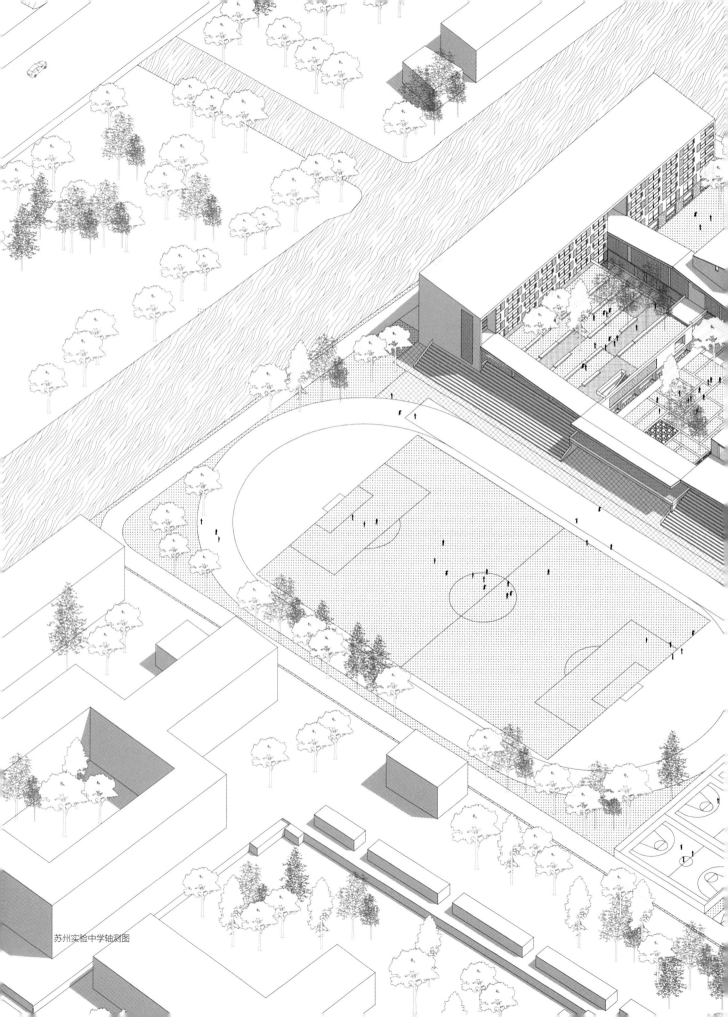

苏州实验中学轴测图

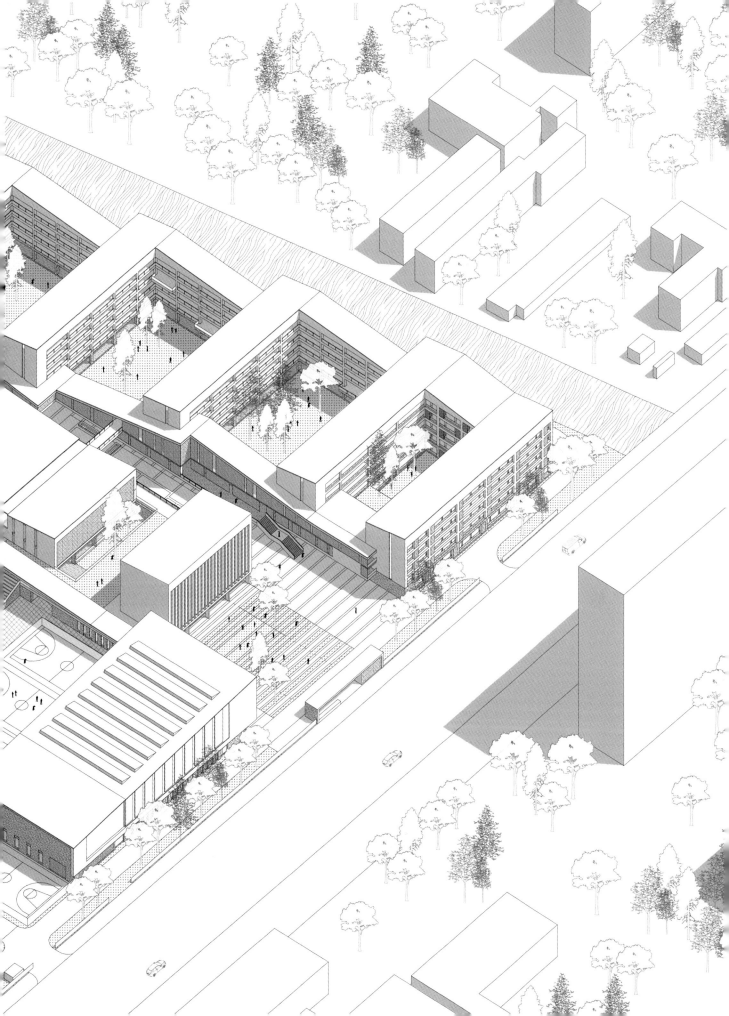

对页：校园西侧鸟瞰实景。本页：中央庭院实景

传统空间的转译

我们把设计的重点放在"院"和"廊"的空间格局上。江南园林的精髓之一体现在空的院（园）和半空的廊的关系中。"院"与"廊"提供了学生活动、嬉戏和交流的空间。在平面型制上，院落格局提供了类似江南书院富于层次的行进体验，两条廊南北向贯穿校区，校园被廊分隔形成三个功能区域，东侧是相对安静私密的教室组团，中间是开放性更强的公共用房组团，西侧则是运动区。两条长廊将不同功能用房有机联系起来，提供了丰富多变的开放空间，上下交错，层次丰富，平台、楼梯、半透的格栅、挑高的廊道、曲折的屋顶，空间呈现出轻松自在的气质，充满着"释放"的意味。两条长廊的屋顶形成连续坡折线，既在连接上将分散的单坡建筑体统领起来，又表现出一种平远延绵的起伏意向，与不远处的山形景色取得了很好的呼应。

本页，上：教学楼内院实景；下：实验综合楼内院实景。对页，左上：连廊实景；右上：连廊楼梯实景；左下：宿舍食堂立面实景；右下：立面材质对比

　　建筑另一个特征是丰富多变的户外空间，通过建筑之间形似街道的室外空间，建筑和院落依次沿"街"展开，通过架空、骑廊、通道、架桥、楼梯等，各个不同部位和标高的廊道及院落，形成公共空间的多元立体感，表现出一种微型城市的街道类型形态。

本页，对页：中轴连廊内景

中轴二层平台

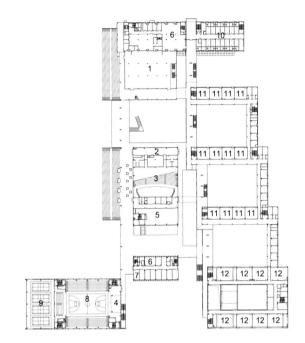

1. 食堂
2. 前厅
3. 报告厅
4. 主席台
5. 教师阅览室
6. 会议室
7. 办公室
8. 体育馆
9. 羽毛球馆
10. 超市
11. 教室
12. 实验室

二层平面图

1. 食堂
2. 图书馆
3. 展示区
4. 会议室
5. 乒乓球馆
6. 音乐教室
7. 舞蹈室
8. 多功能室
9. 西餐厅
10. 超市
11. 教室
12. 实验室
13. 庭院
14. 网球场
15. 篮球场
16. 操场

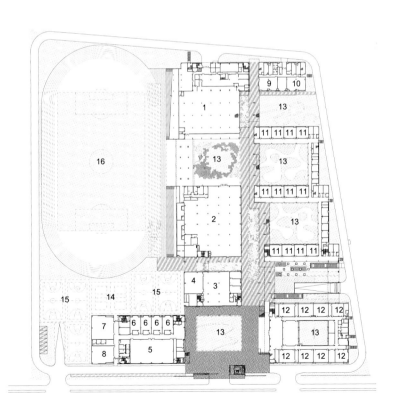

一层平面图

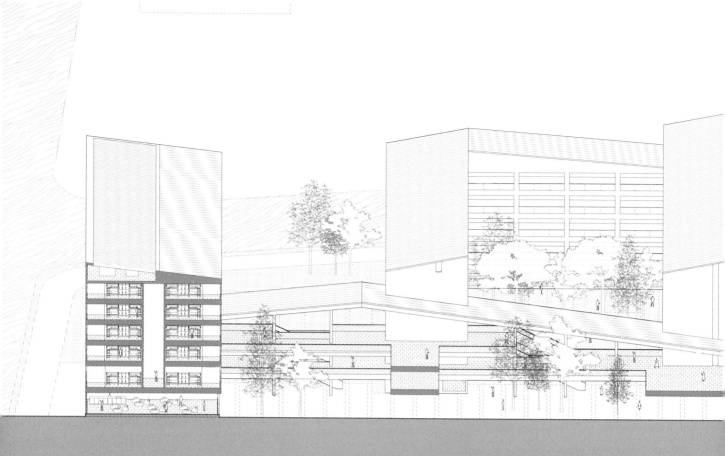

工艺与材料

　　外墙使用了简单的白色涂料，唤起地域认同感，施工时在涂料半干时采取手抄方式拉出横纹，使普通的涂料墙面顿时焕发出动人的手工艺质感的光辉。一些公共空间部位的分隔和围护墙采用了漏空的处理，隔而不封，木色格栅经过 1:1 打样仔细研究和推敲，使得观感的整体性和视线的通透性都达到较好的效果，阳光透过格栅照进走廊，光影婆娑多姿，景物若隐似现，增添了空间的趣味和体验。

采用镂空处理的分隔和围护

苏州实验中学剖面轴测图

立面图

剖面图

错落的秩序之园

A GARDEN OF STACKED ORDER

▲

杭州江南单元小学及幼儿园

Hangzhou Jiangnan Unit Primary School and Kindergarten

一个微妙的错动

为校园建筑的教室基本单元带来了一个有所不同的排布方式

设计营造了一个以错落空间拼合成的秩序之园

试图为学生提供一段独特的记忆和空间体验

基地位置　浙江省杭州市
设计时间　2017 年
建成时间　2021 年
建筑面积　56,999m²

总平面图

江畔的围院

　　项目的用地虽然与钱塘江仅有一个街区之隔，但缀嵌于快速扩张的城市新区内与高层林立的高密度住宅区之间的基地显得闭塞与内向。如何将城市的活力注入基地，闹中取静地从周遭不免有些冷漠的城市环境中开辟出属于孩子们学习和生活的一方天地是设计的出发点。

俯瞰缀嵌于城市中的杭州江南单元小学及幼儿园

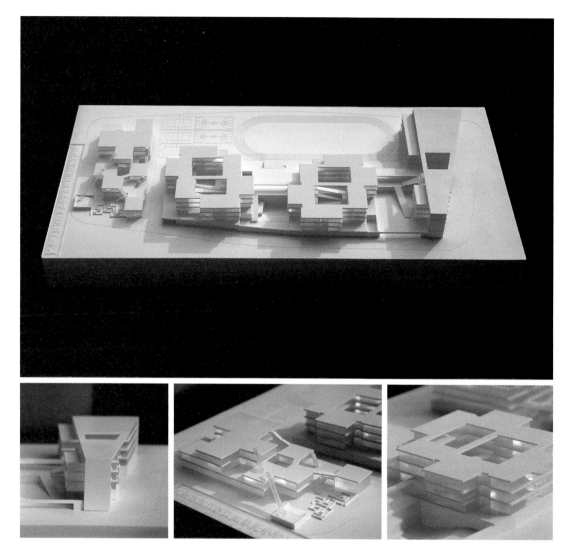

模型图

　　项目包含一个 36 个班级的小学和一个 12 个班级的幼儿园。有别于常见的方正校园用地，本项目用地偏向狭长，且轮廓不规则。为保证小学及幼儿园各自用地的完整性，方案总体采用南北格局清晰划分用地，使得两块用地均更趋于方正，也化解了基地过长的南北进深。小学体育馆行政楼、两个教学楼组团和幼儿园的体量从北向南依次布置，建筑形体错动的边界也巧妙地契合了不规则的基地轮廓。

　　为保证 300m 跑道等设施的落位，建筑的可排布空间被限制在一个相对狭窄的范围之内，教学空间的形体无法水平展开，我们开始思考如何在高密度前提之下创造出一种宽松氛围的围院方式。小学和幼儿园的教学组团分别都采用了"箱庭"式营造手法，使其在受限的空间中呈现出了一种丰富的错落状态。这些源于场地空间挤压之后产生的错落的体块，有着共同的秩序性母题和正交网格控制逻辑，同时它们共同生长在一个边界清晰的基座之上。微观层面的错落组成了一种在宏观层面呈现出的整体秩序，也就形成了我们标题中提到的"错落的秩序之园"。

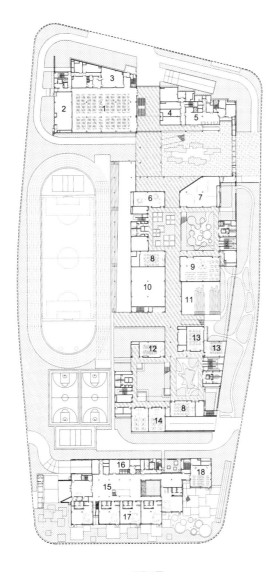

小学部分
1. 学生食堂
2. 变电所
3. 厨房区
4. 医卫与心理咨询
5. 综合楼门厅
6. 社团活动
7. 德育展厅
8. 计算机教室
9. 阅览室
10. 报告厅上空
11. 下沉广场
12. 合班教室
13. 劳动教室
14. 科学教室

幼儿园部分
15. 幼儿园门厅
16. 办公室
17. 班级活动单元
18. 综合活动室

一层平面图

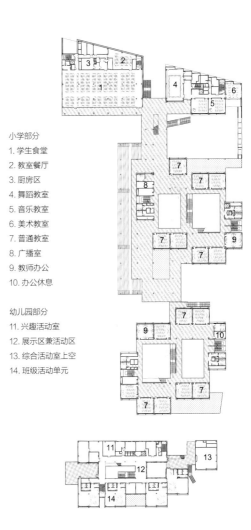

小学部分
1. 学生食堂
2. 教室餐厅
3. 厨房区
4. 舞蹈教室
5. 音乐教室
6. 美术教室
7. 普通教室
8. 广播室
9. 教师办公
10. 办公休息

幼儿园部分
11. 兴趣活动室
12. 展示区兼活动区
13. 综合活动室上空
14. 班级活动单元

二层平面图

小学主入口

模式与图景

与常规的由全局到细部的布局推演方式不同，这个设计最初的构思切入点是教室基本单元层面上的一个微妙的错动。由于场地宽度的限制，本项目由4间教室组成的一排单元，相较传统的一排教室单元更短，这就带来了塑造更加私密空间的可能。教室两两错动之后，形成了一个半围合的共享余留空间，为枯燥均质的传统走廊形式增添活力，也预设了结合教室向室外扩展各种教学活动可能性。

设计以这个基本单元为起点，从模块化研究推及群体组合。我们将采用两组模块化的基本单元镜像面向内院布置，并在东西向置入专用教室与辅助功能，形成了一组围合但不封闭的院落。同时把余留空间联通起来形成一个环通的、更大的活动空间内核，置入了包括通廊、退台、大楼梯等多样化的连续体验活动空间。小学的教学空间就是由这样两个大组团所构成，分别供低年级和高年级的学生使用，也促生了更多年龄相近的不同年级学生之间相遇和交流的可能性。

单元模式分析图

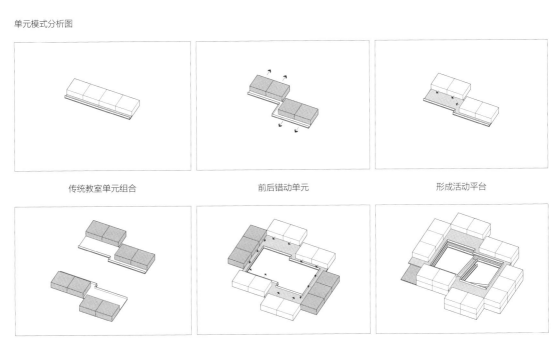

传统教室单元组合　　　　　　　　前后错动单元　　　　　　　　形成活动平台

对位：成组排列模块　　　　　连接：围合填空，环通平台　　　　置入：立体活动空间

左，右：小学教学组团内院中丰富的通廊与大楼梯空间

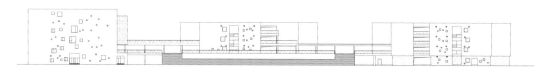

西立面图

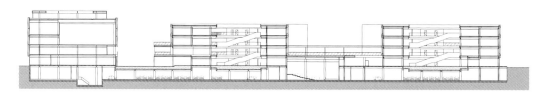

剖面图

本页，对页：校园内部全景图。本页，下：小学教学组团中的平台活动空间

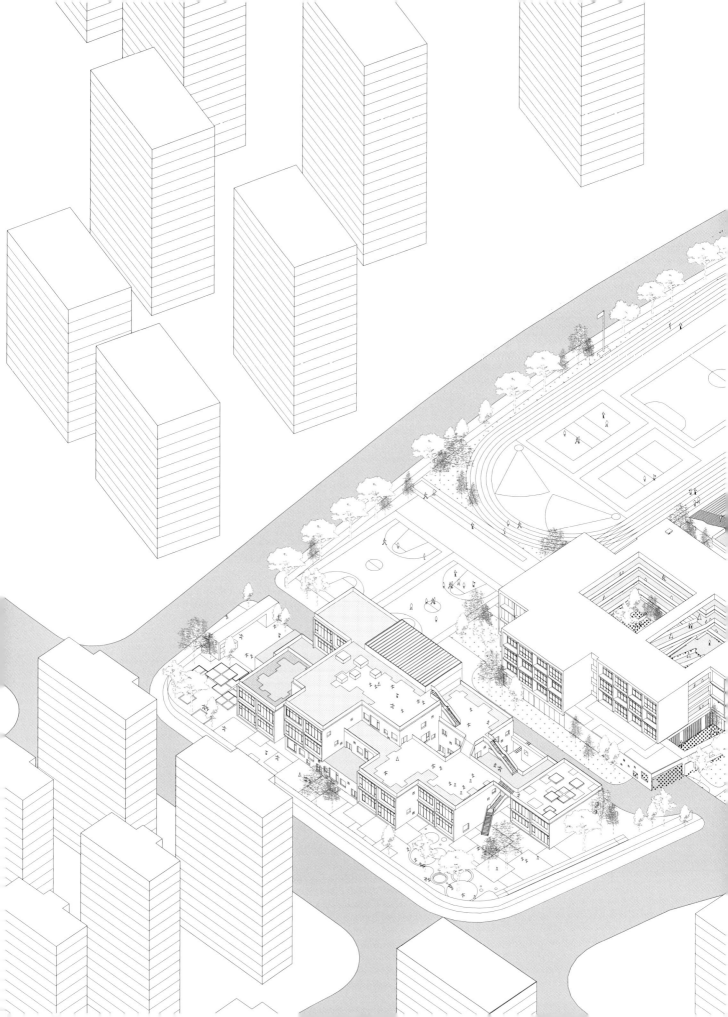

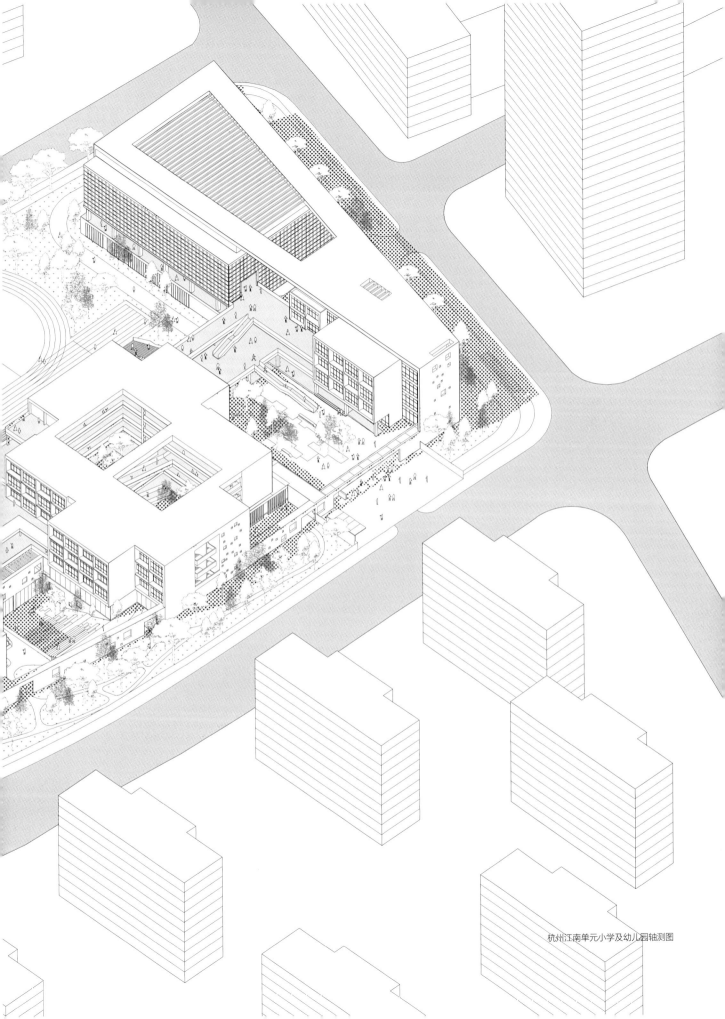

杭州江南单元小学及幼儿园轴测图

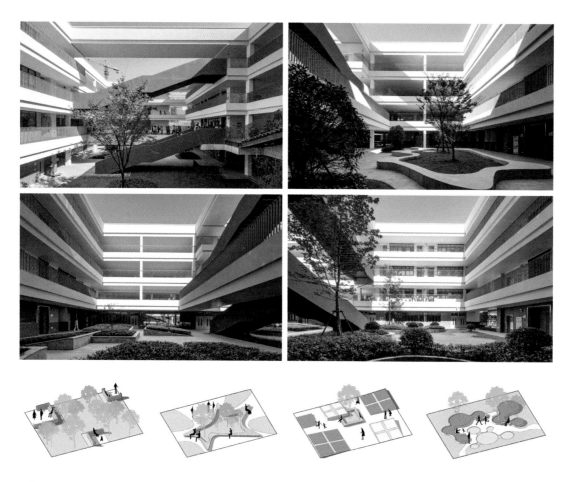

小学不同图形元素塑造的四个景观主题内院

在集群形态上，"围院"与"造山"是小学与幼儿园两大分区的核心理念，设计通过收放有致的群体围合以及叠山堆石等造园手法塑造了立体丰富、不同尺度与主题的院落及退台空间为学生提供多种游园体验，师法传统与自然，营造创新空间，释放儿童天性，促进交流和学习。

格构与薄纱

设计在房间尺度、身体尺度和表皮尺度三个层次构建建筑的表皮，并分别贯彻"格子"这一形态元素，试图以不同形式化解建筑体量给儿童带来的疏离感：

（1）教学楼组团的南北主立面以房间尺度的格子元素为主要母题，辅以斜切造型为活跃元素，增加立体感与趣味性。理性中富有韵律的木色肌理作为立面的色彩点缀元素，配合大面积的白色质感涂料，营造了现代、简约而不失活跃的氛围。

（2）教学楼东西向错落的窗洞以儿童的身高尺度为基本单位，进行看似随机的排列组合，形成点缀于东西大片白墙立面上星罗棋布的矩阵式窗格，为大尺度水平铺开的东西立面增添活泼元素。同时在室内也营造了可供儿童半身窥探窗外或全身浸沐阳光等不同活动的开窗及采光效果。

（3）北侧体育馆和综合楼建筑中装饰网格以"表皮尺度"为基本的单元模数，经过与建筑外墙脱开500mm距离并在细部上增加一片斜切处理，使得网格的光影关系更加立体。网格表皮形成了一层似有似无的模糊态薄纱，在日景和夜景中分别呈现出差异化的半透效果，同时营造了室内柔和的光照环境。

上：小学南北立面与下沉广场；下：小学体育馆综合楼的薄纱格构表皮

游线与木屋

　　幼儿园高低错落的建筑体量形成天然的屋面活动平台，包含了各个教学单元的分班活动场地、屋顶农场等功能空间，同时通过楼梯、连桥的设置，推动了不同区域活动的串联循环，自然地激发出孩子们活动和探索的兴趣欲望。

　　幼儿园建筑因为场地的局限性和更加集约紧凑的建筑布局，我们将设计的重点转向营造一个温暖而质朴的室内空间。明快的色调和多尺度空间组合是幼儿园室内设计的两个主要策略，我们以此打造适合于儿童视觉和心理特征的环境氛围。设计在主空间中置入大小不一、随处可见的一处处"木屋"意象的子空间——走道旁、楼梯下的各类"角落"都被充分利用，置入适合于幼儿尺度的活动空间，为孩子们提供了丰富而私密、可堪躲藏的小空间，孩子们在园内可以根据自己的想法，分散于不同的区域自由活动，通过他们最喜欢的游戏的方式，在潜移默化中学习和成长。

对页：幼儿园沿街立面形象。本页，上：幼儿园丰富串联的立体屋面空间；下：幼儿园局部近景

幼儿园因其更细腻的空间尺度，设计在总体为白色的基底下，引入了一种以不同层次的木色材质组合的立面做法，形成温暖而多样的立面效果。同时，建筑形成了从上到下多个不同层次，弱化了体量感，形成适宜儿童尺度的活动空间，避免了空旷、庞大的建筑体量给孩子们带来的疏离与恐惧感。

对页：幼儿园明快丰富的中庭空间。本页：幼儿园中庭及室内尺度各异的木屋空间

儿童对环境的感知远比成年人敏感，明快的色调和多尺度空间组合是幼儿园室内设计的两个主要策略，我们以此打造适合于儿童视觉和心理特征的环境氛围。

生长与共享
GROWTH AND SHARING

▲

深圳光明科学城启动区
Launching Area of Shenzhen Guangming Science City

裙房地景式屋面起伏律动

建筑趋向自然生长的空间特质

空中连体将不同单体联系整合

加强不同学科间的思维碰撞与功能共享

基地位置　广东省深圳市
设计时间　2018 年
建成时间　2023 年
建筑面积　231,212m²

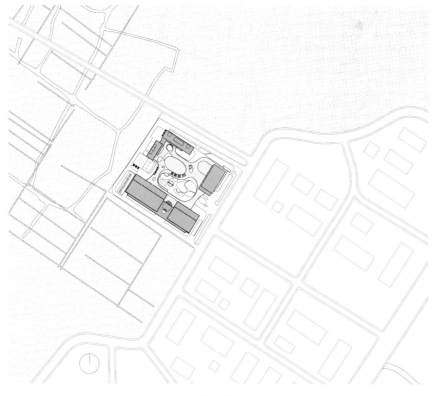

总平面图

光明城位于深圳市光明新区北侧，其中启动片区以重点布局大科学装置群、前沿交叉研究平台、基础研究机构，构建源头创新集聚区为目的。光明科学城启动区土建项目位于启动片区内，项目占地 4.7 万 m²，总建筑面积 23 万 m²。未来将为生命科学组团中的脑解析与脑模拟、合成生物研究两个重大科技基础设施及其科研团队，提供实验、研究和生活空间，并为拟布局在光明科学城的其他大科学装置，以及未来国际科学交流和科技创新做适度场地预留。

塔楼——共享的巨构

建筑方案的塔楼部分以"光辉巨构"为理念，通过大尺度的巨构体将各栋单体整合，促进交流合作并强化建筑标志性及力量感。裙房以地景式的有机形体起伏律动，如细胞生长般从光明原有的农场大地中拔地而起，象征着对文脉的传承和对自然的尊重。

上：启动区东南侧转角透视；下：鸟瞰实景图

左：平台中心南立面；右：平台中心连接体

空中客厅

平台中心连接体位于8~9层，方案开创性的通过连接体将2栋单体连接整合，加强不同学科之间的联系，打造园区的第一形象立面。其内部共享空间集研讨、咖啡、图书等多种功能为一体，强调空间的多样性与丰富性，满足多种不同功能的需求。室内共享开放空间同时结合户外屋顶绿化平台，强化公共空间室内外之间的相互交流与融合。

综合研究院的连接体位于12~13层，更加强调交流、共享、创新的理念，首层设置展厅，2层设置报告厅及会议功能，3层设置开放教学功能，4~5层为数据中心，6层为档案库及运维办公，7~11层为研究院湿式实验室，12~13层为共享科创平台，成为各学科科研人员提供彼此交流的空间，为科研者的思维碰撞提供更多可能，也是启动区对外开放展示的窗口，14~17层为管理中心办公。

专家公寓与青年宿舍在18层的连接体设置共享生活辅助功能，促进青年科学家与学科带头人间的交流与对话，构建温暖、开放的生活氛围。

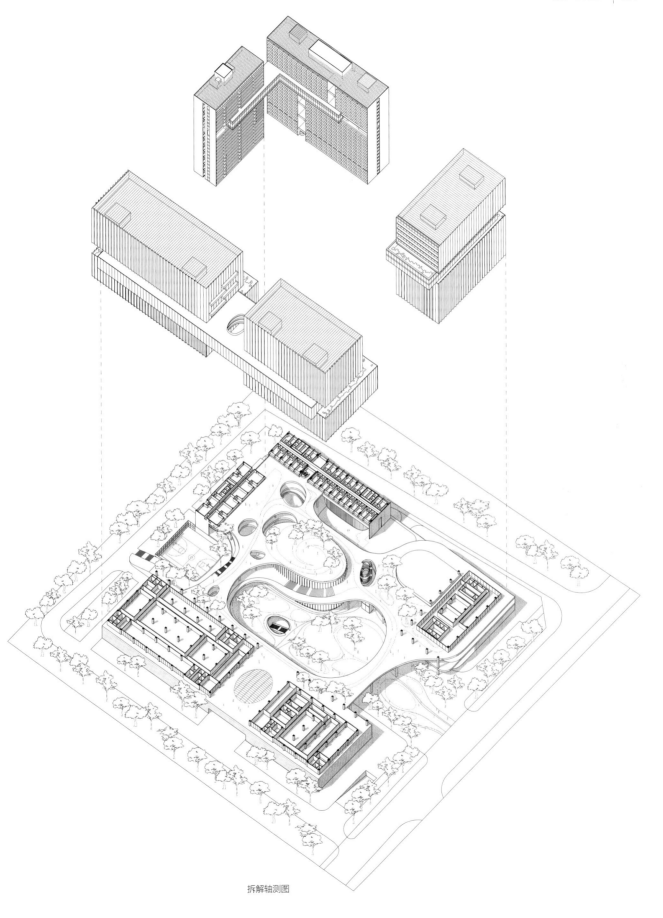

拆解轴测图

空中连体与底层连廊

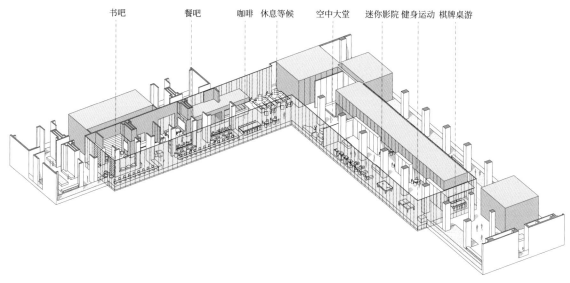

书吧　　　　餐吧　　　咖啡　休息等候　　空中大堂　迷你影院 健身运动 棋牌桌游

宿舍空中公共区轴测图

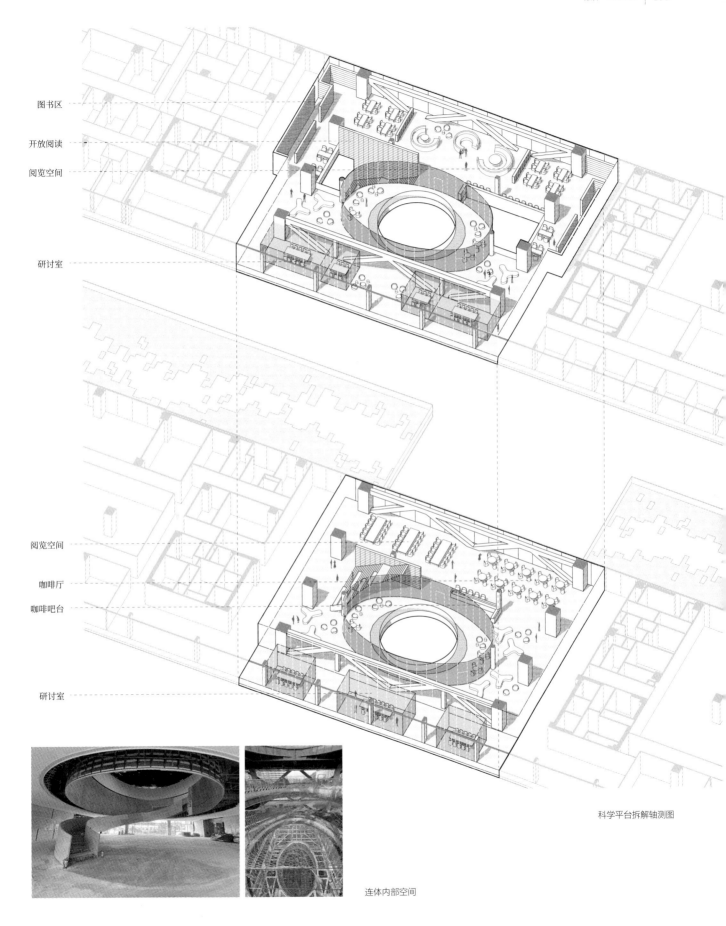

图书区

开放阅读

阅览空间

研讨室

阅览空间

咖啡厅

咖啡吧台

研讨室

科学平台拆解轴测图

连体内部空间

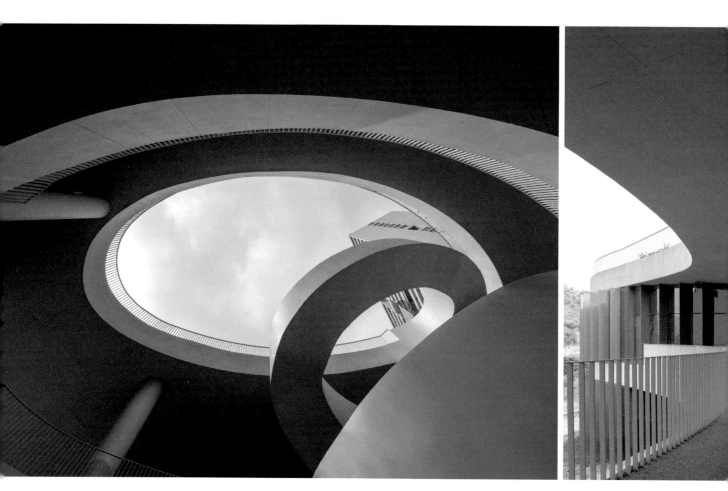

本页，对页：裙房连廊近景

裙房——起伏的土地

建筑裙房以"生命脉动"为理念，以细胞生长般的有机形体拉接塔楼，地景式屋面起伏律动，展现破土生长的生命活力。整个形体刚柔并济，形态自由，呼应生命科学的功能主题，构建成为园区内的生态交流平台，使园区内各单体相互交融，浑然一体。聚合生长的起伏绿坡体量内涵盖了餐厅、咖啡厅、理发、健身等各类设施，为科研人员和访客提供全方位配套服务。

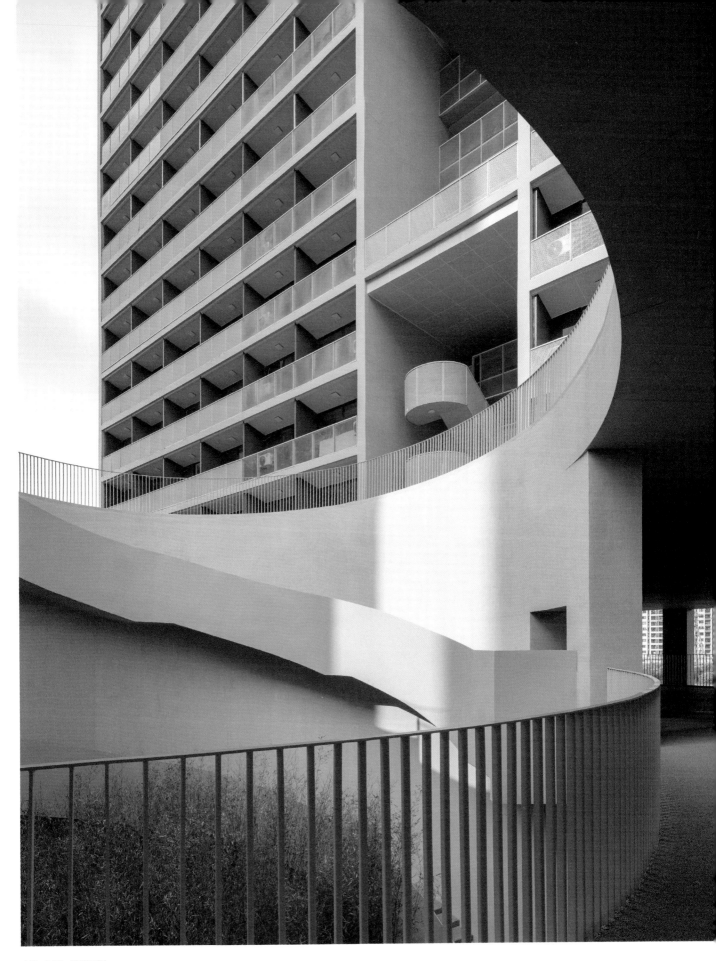

本页，对页：连廊局部

上：园区宿舍楼南侧庭院；下：生态地景平台与塔楼

1. 种植屋面室外平台
2. 脑解析与脑模拟实验区
3. 合成生物实验区
4. 咖啡厅
5. 宿舍
6. 报告厅上空
7. 研究院

三层平面图

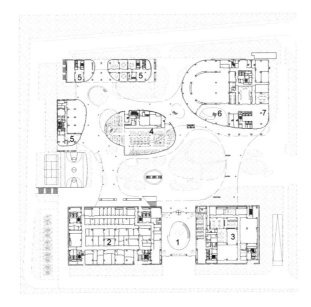

1. 大堂及中心展示区
2. 脑解析与脑模拟实验区
3. 合成生物实验区
4. 中餐厅
5. 宿舍门厅及配套
6. 报告厅门厅
7. 研究院门厅

一层平面图

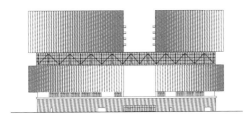

南立面图

剖面图

生长与外延
——同济大学四平路校区周边建筑实践

GROWTH AND EXTENSION
—ARCHITECTURAL PRACTICE AROUND SIPING ROAD CAMPUS OF TONGJI UNIVERSITY

同济联合广场
Tongji United Plaza, Shanghai

巴士一汽停车库改造
Renovation of the Parking Garage of Bus No.1

门在同济大学周边，进行了长达十余年的建筑实践活动，从 2004 年的同济联合广场，至 2008 年的巴士一汽停车库改造，再到 2017 年的同济大学上海国际
†创新学院，这一系列的建筑实践活动体现了设计对于城市空间与校园空间关系的反思，可以用"生长与外延"五个字来概括。

济联合广场是同济大学礼仪性校园入口空间的延续，标志性的百米双塔，对称而典雅，天际线上与同济图书馆遥相呼应。校园空间跨四平路"生长"至联合广场底部，
至内部街区，同济联合广场从空间上缝合了学校与周边工人新村的关系，为场地注入了活力。巴士一汽停车库改造是一次将城市街道功能纳入既有城市基础设
的大胆尝试，巴士一汽停车库位于同济大学东校区内，前身为公交车停车库，改造后功能为同济设计院办公楼，设计在底层创造了一个更具公共属性的"城市
区"。如果说同济联合广场是校园空间向城市空间外生长的一种尝试，那么巴士一汽停车库改造则体现了城市空间向校园空间内生长的设计追求。

济大学上海国际设计创新学院的场地条件极为苛刻，设计在有限的场地中，通过倒置的梯形释放了底层公共空间，与周边居民共享，将传统有边界的校园空间"外
至城市，模糊了城市空间与校园空间的边界。"生长与外延"的理念体现了设计对城市与学校两种孤立场所如何融合的思考，也将持续至后续一个又一个
交园及校园周边建筑的设计尝试中。

同济大学上海国际设计创新学院
Tongji University Shanghai International College of Design & Innovation

更新与对话
CITY RENOVATION AND CONVERSATION

◤

同济联合广场
Tongji United Plaza, Shanghai

这是一个包含了多元功能和价值诉求

从商业、办公、住宿到教育、实验、创意的复合空间

是一个囊括城区、校区、园区、社区等多种生态和功能因子的更新实践

基地位置　上海市
设计时间　2004 年
建成时间　2011 年
建筑面积　120,105m²

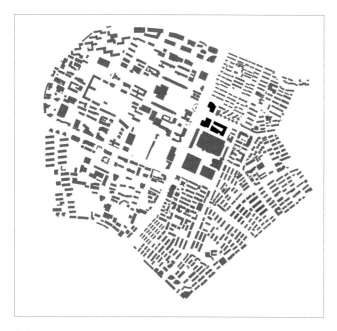

城市肌理

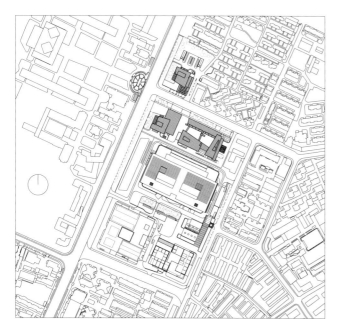

总平面图

改建前基地周边环境

同济大学东校区及其周边城市更新

　　同济大学四平路大门对面城市区域自21世纪初以来,已经进行了20年的建设和更新。其间,经历了不同的建设主体、更新模式、设计策略和技术手段。当初刚开始设计时,并未有一个长期的愿景和完整的规划,今天看来,这个更新过程和21世纪初以来中国城市的高速发展不谋而合,其典型特征就是建设与探索、实践与研究同步进行,某种程度上可以说是一个跨越二十年的城市更新的微型版本。

　　这个区域最初由凋敝的工厂、巨大的公交场站、小型商业设施和老旧的住宅等构成,周边有同济大学主校区,烟火气浓厚的旧式居民新村,以及上个世纪末开始形成的都市产业集群——"环同济知识经济圈",包括远近闻名的"赤峰路设计一条街"。这个持续的更新包含了多元功能和价值的诉求,从商业、办公、住宿到教育、实验室以及创意空间,是一个囊括城区、校区、园区、社区等多种生态和功能因子的更新实践。

　　大约在2003年,同济大学主校门正对面的彰武路两边地块率先启动建设,项目命名为同济联合广场,总体规划由五栋楼组成,包括商业、办公、酒店和教育空间等,一个小型的城市综合体,是同济大学及周边社区不多的多功能设施。

整体鸟瞰

轴线延续

同济大学的校园主轴从校门、领袖像、图书馆一直延伸到大礼堂，这条鲜明而经典的主轴，很大程度上确定了这个区域的城市骨骼和特色。联合广场总体尊重并回应了这个空间特性，A、B 两栋独立塔楼设计成对称布置，尊重了校园前区对称的空间模式，并将校园轴线向城市进一步延伸，使建筑与校园建立了空间和时间的联系。而从校园内看出去，两座塔楼像两扇贴着对联的中式大门徐徐移开，优雅谦和的立面表情消解了高度对校园带来的干扰，完成了校园内外空间的友好对话。

风景对话

塔楼西侧的同济大学校园无疑是最好的风景，设计在高层的西面设置挑高共享中庭，并采用 600mm 宽呼吸式双层幕墙，外片为无框通高玻璃，使得这个室内交流空间既获得了开阔的景观视野，取得与校园的对话，又解决了西面日照带来的能耗问题。两栋塔楼的交通核虽然不一样，但均没有采用通常的内向型设计，而是在等候厅直接看到校园景色。

上：同济大学校门位置看同济联合广场；左下：A 楼彰武路同济新村入口处转角透视；右下：B 楼沿四平路立面

上：A 楼面向四平路侧界面；下：A 楼室内

公共通达

在联合广场设计中，内置了一个类似圣马可广场的小型庭院，B 楼裙房的架空，建立了一条从校园到达庭院的通畅流线，增强了公共通达性，并活跃了商业氛围。在联合广场南地块设计时，地铁线尚未开始设计，而在几年后的北地块 A 楼设计时，地铁线设计已经开始了。

因此在 A 楼以及之后的东校区设计时，将地铁出入口和通风设施等与建筑进行了一体设计，A 楼裙房架空形成地铁的出入口，也为公众提供了一个遮阳避雨的户外空间。联合广场的这些设计放弃了一些商业的利益，为城市创造了更多开明的公共属性。

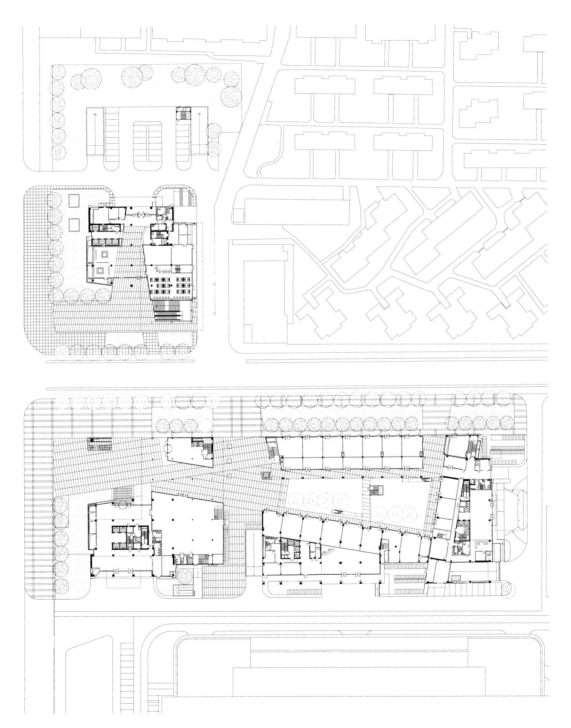

联合广场一层平面

空间再生
SPACE REGENERATION

▲

巴士一汽停车库改造
Renovation of the Parking Garage of Bus No.1

这是一栋强调"形式追随功能"而没有任何多余构件的交通建筑

停车场改造设计最大的挑战在于如何运用现代设计手法

将"机器使用"的场所重新营造成为"人使用"的场所

基地位置　上海市
设计时间　2009 年
建成时间　2012 年
建筑面积　65,237m²

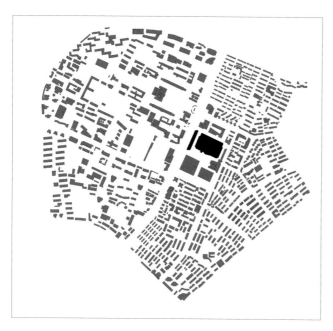

城市肌理

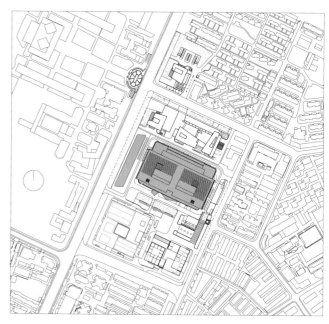

总平面图

角色转换

自21世纪初以来,上海城市核心地区迅速膨胀,土地价值的增长像流沙一般由中心区向外蔓延,原来相对中心较远的城区价值陡升,这一趋势对城市的冲击和再造力量如此之大,已经变得势不可挡。四平路上原上海汽车一场也不可避免地遭遇了转换角色的命运,结束了几十年的角色出演——根据上海高校布局用地调整,这个地块通过一系列的价值置换,划归同济大学作为教育用地。本项目改造的三层停车库为当时市区最大的公交站场,建于1999年,仅仅十年就终结了它最初的使命。

汽车一场地块转换后的角色是创意产业园区——"上海国际设计一场"。这种转换与环同济知识经济圈的打造密不可分。汽车一场所在的周边城市功能已经相当的成熟和稳定,同济大学是这一区域的最重要的城市因子,所以,围绕校园产生的创意城区概念的植入并不是像有的地方牵强附会。同济设计院作为最具规模的创意型企业的迁入又是这个概念实践的重要一步。在这种"宏大目标"的支撑下,并且在复杂的论证、纠结、平衡、争议之后,同济设计院决定将原公交停车库改造之后作为办公地址。

改建前后对比

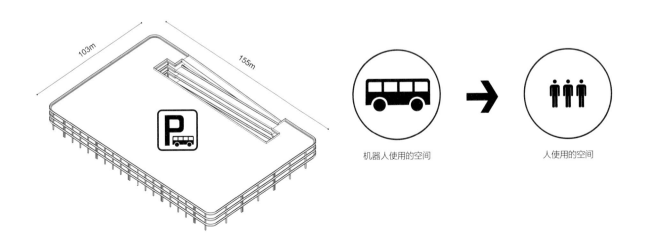

机器人使用的空间 → 人使用的空间

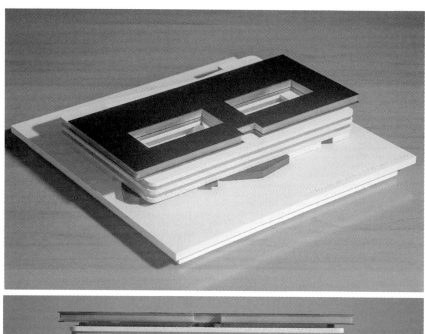

模型图

秩序与混和

在 155m×103m 庞大复杂的平面中，我们首先建立了一个理性的架构体系，在一个类似九宫格的节点植入了必需的服务核心，包括交通、疏散、卫生及设备用房等，这个理性的"骨架"加上水平体系的楼板，形成了这个巨大建筑的基础设施，所有的使用空间附着在这个基础设施之上。这个构思也暗含了对原来公交车停车库——作为城市基础设施的回应。建筑底层是多元混杂、富有个性的公共和共享功能空间，二层以上楼层则是讲究效率、灵活使用的办公空间，在平面、材料、室内设计等方面，两者各有不同的表达，但都依托在隐藏的"骨架"之上。

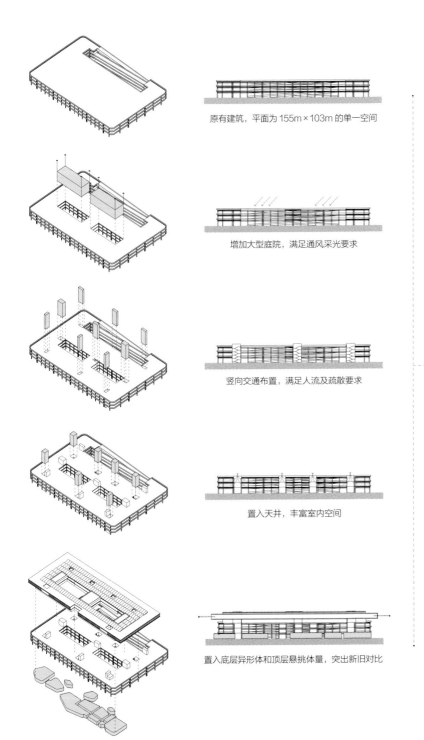
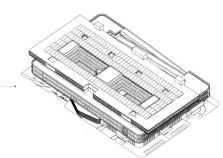

原有建筑，平面为 155m×103m 的单一空间

增加大型庭院，满足通风采光要求

竖向交通布置，满足人流及疏散要求

置入天井，丰富室内空间

置入底层异形体和顶层悬挑体量，突出新旧对比

形体生成分析图

本页：沿四平路透视图。对页：区域整体鸟瞰

尺度的观照

　　巴士一汽停车楼是上海市区少见的大体量交通设施，原三层主体停车库单层面积达 155m×103m，加建的黑盒子回应了这种城市基础设施的尺度，黑盒子向东西两侧更是挑出 8m，强化了水平向的特征，并因此获得了城市中独特的视觉形态。站在四楼西侧平台眺望校园，挑檐深远，底部的抛光金属吊顶将校园操场的景观反射过来，完成了建筑和校园之间视觉和空间的对话。

本页，对页：门厅入口空间

微型城市街道

公共门厅长达 100 多米，这里摒弃了通常企业想要的仪式感，而是赋予这个空间多样和混杂的特征，流线型的室内形态、不同材料的组合、尺度的收放，使门厅成为一个类似微型城市街道的空间，同时，暴露的韵律强烈的原有结构顶面，充当了"街道"的"天空"，成为统治的背景。在这个"街道"里可以产生很多活动和交流，它不像一个企业的门厅，而是更具有公共属性的城市或校园场景，同时也表达了作为一个设计机构所需要的与众不同的创意追求。

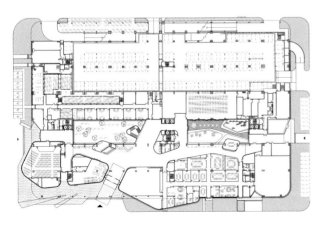

一层平面图

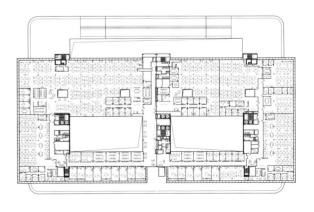

五层平面图

本页，上：报告厅内部局部；中：餐厅；下：北侧保留坡道。对页：俯视旋转楼梯

公共与活力

门厅不仅是交通空间，也是一个聚集交流的共享空间，它和多功能厅一起形成设计院开放式活动场所，成为事件的载体，活力的发生器。

原有设计将汽车坡道保留，并在三层屋顶北侧安排了部分停车，既充分利用了原有的功能，解决了停车不足问题，又使设计师体会了建筑文脉传续的一种感受。之后，由于企业的迅速发展，楼层停车和坡道逐渐改成了功能性空间，继续延续这个建筑的生命历程。

加建停车库的屋顶部分设置了篮球场，每年的公司趣味运动会在此举行，是运动、集会、共享的活力场所。

剖面图 1

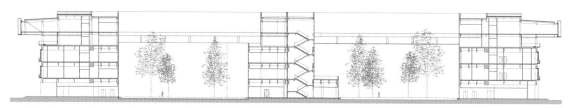

剖面图 2

自然与技术

　　自然和技术是设计中两块重要的基石。建筑内庭院分为一静一动两个，静院简洁优雅，采用了灰白色石子铺地，内置深色长石，院内在外墙尚未安装时就移植了高大的榉树，榉树随着四季的变化呈现出不同的颜色和状态，让人感受到时间的流淌。榉树树冠较大，下部分支较少，形态舒展疏朗，既美观又适合进行树下活动。东院与餐厅相临，设置了室外休息坐石，一半是多种绿化，一半是竹木铺地，动感活跃，是交流和活动的好场所。三层屋顶布置了大面积的屋顶绿化，采用了多种不同颜色的灌木型绿化组合，并种植了上海本地常见的桂花树，每年秋天桂树飘香，赋予了场所更独特的感官体验。

对页：黄昏中的西侧庭院。本页，左：俯瞰东侧庭院；右：俯瞰西侧庭院

5. 太阳能电池板

1. 薄膜太阳能电池板兼做遮阳

6. 波纹铜板

2. 薄膜太阳能电池板兼做遮阳

7. 穿孔铜板

3. 彩釉玻璃饰面

8.GRG 石膏板材

4. 实木

材料多样性

设计除表现原有建筑混凝土材料的真实性以外，还利用现代材料的生动，演绎突出新旧的对比，强化时间与空间的张力

在可持续能源开发和低碳理念下，老建筑立面水平遮阳和新建建筑立面竖向遮阳采用新型建筑材料。使用 20% 透光率灰色薄膜非晶硅太阳能电池板，替代传统遮阳材料，实现美观的效果，遮阳和发电功能多重复合。屋顶部分根据太阳最佳高度角阵列排布单晶硅和多晶硅太阳能光伏板。通过连续韵律的生长同屋顶的视觉整体性方面相互融合，体现光伏建筑一体化设计创新理念。屋面、立面设置的太阳能板总装机容量达到 630kWp，年均发电量约 535MWh，每年可减少 CO_2 排放量 566t。在延续老建筑生命力的同时，完善其价值，激发城市发展中的可持续环境意识。

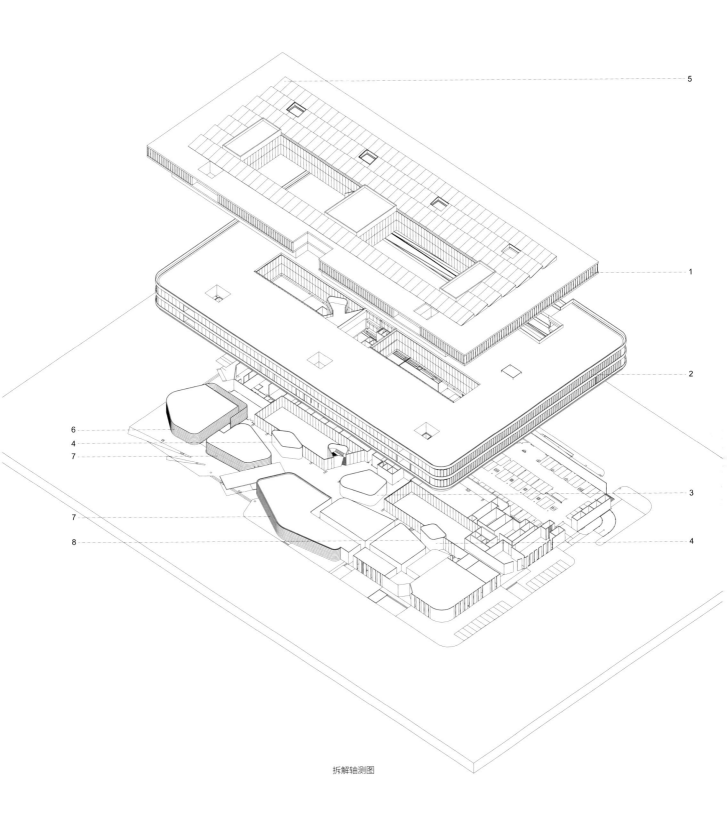

5

1

2

6

4

7

3

7

4

8

拆解轴测图

倒置的释放

RELEASE OF INVERSION

同济大学上海国际设计创新学院

Tongji University Shanghai International College of Design & Innovation

我们的设计通过倒置梯形的组合

在有限的用地范围内释放出共享空间

自下而上，完成室内外正负空间的价值转换

试图创造一种结构与形式统一的空间语言，模糊校园与社区的边界

探索功能灵活、共享开放的大学校园新模式

基地位置　上海市
设计时间　2017 年
建成时间　----
建筑面积　62.089m²

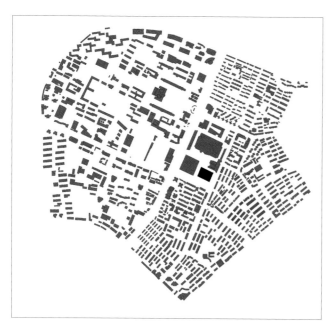

城市肌理

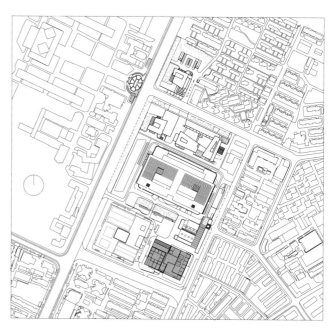

总平面图

校园与社区：开明与共享

同济大学上海国际设计创新学院是最具创意的师生们的聚集地。基地位于同济大学东校区的东南角，毗邻鞍山新村——一个20世纪中期开始建设的老式新村，20世纪70年代，它曾经是上海最早，也是最大的新村之一，生活气息旺盛，烟火气浓厚。

作为校园和周边社区的连接点，建筑承担着融合业态、模糊边界的功能。我们旨在创造一个激发创意者灵感的场所，也能成为社区的友好邻居。

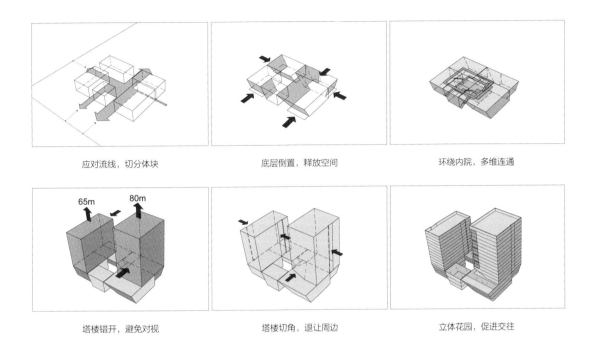

应对流线，切分体块

底层倒置，释放空间

环绕内院，多维连通

塔楼错开，避免对视

塔楼切角，退让周边

立体花园，促进交往

东北侧鸟瞰图

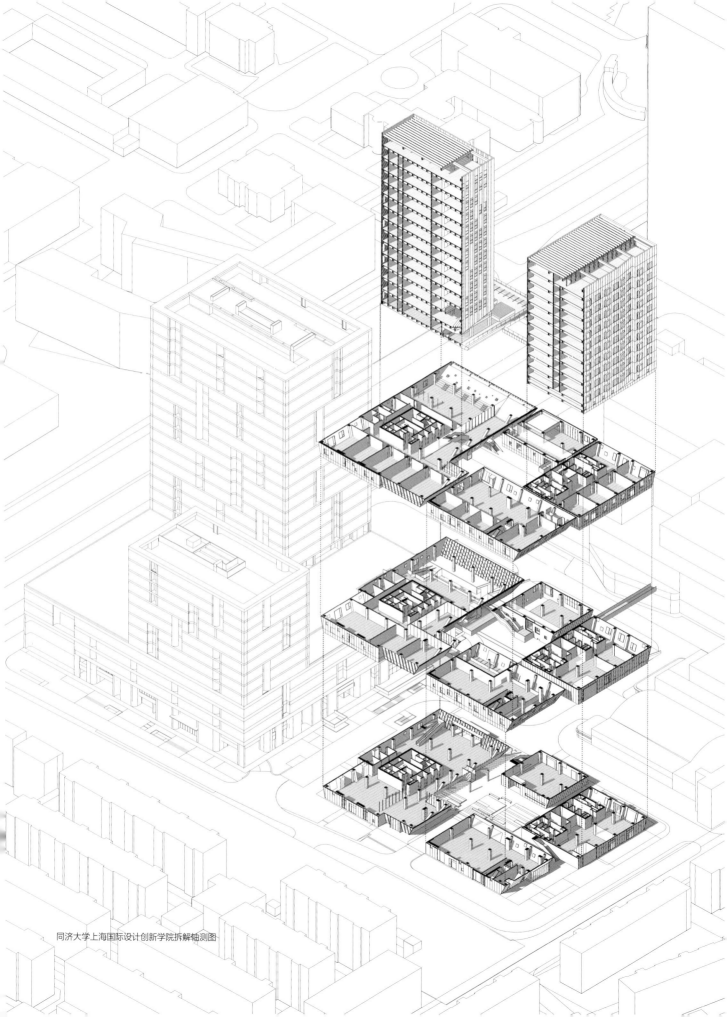

同济大学上海国际设计创新学院拆解轴测图

上：北侧鸟瞰；下：从建筑设计院望向学院大楼西北角

倒置的释放

建筑由教学、公寓两幢塔楼及多栋独立裙房组成。尽管基地比较紧张，设计希望能创造更多的公共交流空间，因此在裙楼采用了结构倒置的方式，通过下小上大的倒梯形体块组合，大大地释放了下部的外部公共空间。底层建筑边界最小，而公共面积最大，自下而上依次递减，功能空间和公共空间完成了价值转化。

面向社区的界面，倾斜的外墙形成有覆盖的街道空间，连接起周边的广场、内院。同时沿这些共享空间设置展览、茶饮等公共功能，对社区开放，使建筑底层成为居民活动休闲的好去处。

由空间逻辑到结构逻辑再到功能逻辑建立之后，形式逻辑也顺理成章地展现出独特的一面，这种空间和形式的独特性和以前周边建筑不一样，成为这个区域内空间当代性的一个新范例。

左：内院广场衔接多方向楼梯通道，曲折变化，开放共享；右上：内院俯瞰；右中：内院东北侧平台与楼梯；右下：内院西北向视角

空间路由器——庭院

　　建筑布局设置了开放性庭院，是人们休憩交流的场所，同时各个方向有通道与校园、社区相连，形成一个校园、社区、建筑之间的中心节点、一个空间的路由器。庭院周边设置了曲折变化的外部楼梯到达各层。与庭院相连的走道、平台、台阶空间被放大，赋予其交流、展示、会议、演讲等一系列社交功能，试图做到空间模式与教育模式的同步创新。

　　当人们游移行走在倾斜的空间之下，这里既能遮阳避雨，又有庇护的心理作用，同时还有一种行走在峭壁之下的空间感知，我们认为，这种不同寻常的空间感知符合这个场所需要的创意精神，成为激励人们追求创新的一个空间基因。

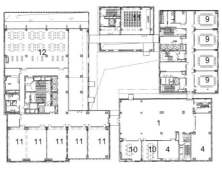

三层平面图

1. 门厅
2. 陈列厅
3. 咖啡厅
4. 空调机房
5. 消控中心
6. 画廊
7. 多媒体厅
8. 休息大厅
9. 会议室
10. 办公室
11. 多功能厅
12. 资料室

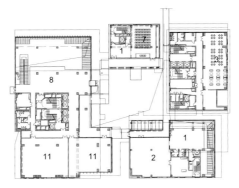

二层平面图

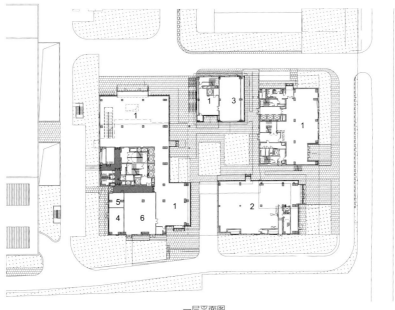

一层平面图

上：导向内院的通道顶部，光线沿狭长缝隙洒向倾斜墙面；下：东侧阜新路入口视角

自主的变形缝

变形缝一直是困扰建筑师和结构师的一个苦恼话题，建筑师对漏水、美观、整体性等的担心，和结构师对规范、安全、造价等的诉求常常莫衷一是。本项目的结构设计采用了回归简朴的理念，设计没有追求结构的整体化，而是将地上结构分为独立并置的三部分，它们之间设有结构面900mm、完成面300mm宽的扩大的"变形缝"，三部分裙房倾斜的墙面在这里交接，形成了有趣的"峭壁"下的"一线天"空间感。

结构的并置和变形缝的设置带来了结构概念的清晰和造价的合理，同时"变形缝"也成为建构空间语言的一部分，形成自主性，"缝合"了结构、空间和形式之间的内在关系。

建筑正处在施工中的未完成状态，隐约可见空间的雏形。在混沌的场地中，仍然可见理性的建构，这是对建筑空间的最佳回应，也是设计所追求的结构与形式的统一。

香港垂直织肌的一种可能
A POSSIBILITY OF HONG KONG VERTICAL FABRIC

◤

寄所
Para-site

超出地面网格划分的限制

在极高密度之下再叠加一层城市空间

辅助一座座城市孤岛中复苏的城市生活

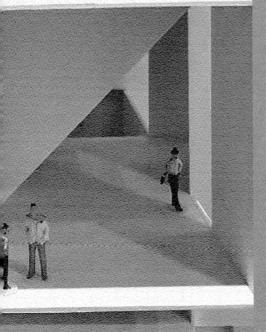

基地位置　第十六届威尼斯建筑双年展香港 2018 年展
设计时间　2018 年
建成时间　2020 年
建筑面积　D0.36m×W0.36m×H2.16m

超级密度

受到自然条件，开放制度，土地经济的影响

香港成了一个世界上独一无二的"垂直城市"

总共 7,840 幢高楼大厦，1,000 幢超过 100m，多于世界上任何一个城市

一幢矩形底边长 20m 的百米高楼，

拍平展开相当于一块 $1.32hm^2$ 的街区

香港湾仔和上环，每公顷 7,000 人

装得下美国纽约高密度区域的 6 倍（每公顷 1,125 人）

都市生活

超高密度、高楼大厦以及陡峭的地形，使香港的城市生活不同于传统平坦的街道

高密度垂直城市的地面被复制了数十数百次

城市的生活继而围绕多重地面展开

多层基座之上相互连接的细长高楼，可以从不同层次上进入和离开

可以在不同高度上直接穿过建筑内部回到陆地，

台阶或电梯联系起地面以外的公共空间和地面的街道，

夹在高楼间的多层市场、学校、医院、多层的交通系统……

实践了资源紧缺的城市下多种功能的高度复合

寄所

城市的生活正在满溢，迫切涌出立体开发严格的单元之中

从表皮、孔洞、缝隙中逃逸出来

Para-Site 寄居在水泥森林之中

正如其名

Para-：超越，辅助

超基地的辅助空间

Para-Site 是垂直方格网的增生

超出地面网格划分的限制

在极高密度之下再叠加一层城市空间

辅助一座座城市孤岛中复苏的城市生活

上，中：展览海报；下：展览现场

本项目为 2018 威尼斯双年展香港展馆以"垂直肌理：密度的地景"为主题的装置艺术作品，展览试图透过一百座塔楼的模型再现香港高密度的城市空间，经由塔楼的形式探索自由空间的意义。

上: 空间; 左下: 体块; 右下: 城市

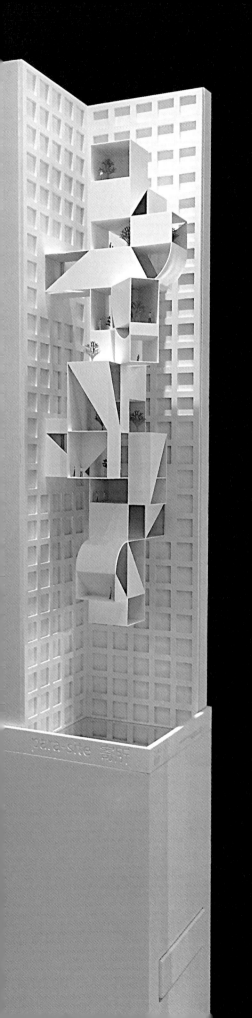

轴测图

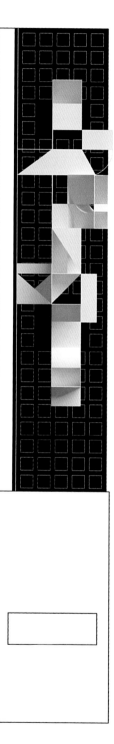

平面图

本页，对页：装置模型图

自由空间

一个共享阳光、空气、水的自由空间

从混凝土森林之间长出来

它慷慨地接纳城市人，提供自由的额外空间，满足陌生人的潜在愿望

人不必局促于有限的活动基面

获得新的选择

在身不由己的空间限定之外自由活动

公共空间将不仅局限于地面

而将来到多个时空维度

寄生于复杂的都市高空

包容城市人所有对城市自由的想象、记忆、愿景和未来

当代城市发展充满了复杂性，一方面它被预先规划着，有据可依地
进化，另一方面，又常常脱离人为的操控，呈现出非线性无章可
循地生长，城市正是在规训和挣脱中展现它非比寻常的魅力。在我们的实
践中，有许多项目坐落在新城、新区，有着预设好的用地，如一些大型会展、
文化中心、园区办公等，但同时，我们常常会遭遇到更加复杂的场地，它
们或是在因为城市更新产生的复杂而紧凑的用地，或是在规制之外原本非
建筑用途的场地，它们呈现出临时、异形、空隙、附属等边缘性特质。在
这里，异质的"场地"超越了"基地"的含义变成跟"场所"一样多义的
词语。同样，"边界"这一词语既是通常意义的用地界线，又是场地与城
市或环境之间紧密相连的媒介，边界常常是复杂、模糊、充满了不确定性的。

章展示的几个项目的场地都具有某种特殊性，上海交大的两个建筑，
都是在校园规划之外的，盖因学校发展和建设的增容，把原来非建
设用地的边角料变成建设用地；同济大学传媒学院的场地原来是校园中心
绿地的一部分；山西莲花岩民歌舞台的选址甚至是笔者和甲方在现场一起
比较后确定的，建筑本身也具有某种临时建筑的特质。对这些场地来说，
建筑更像是一个闯入者，是不速之客，场地的特殊性为闯入者带来更多的
挑战，也带来更多的可能性。如何回应场地和边界的关系，发掘隐藏在场
地中的潜力，通过经营场地，使之与边界外部的城市或自然达成共存，这
是我们致力探索的建筑学当代性表达的一种实践。

们首先尊重场地的本来面貌，让建筑以一种谨慎的姿态介入，让
建筑成为场地友好的一部分，成为场所的接纳者。与此同时，我
们不满足于建筑成为场地的附庸者，我们希望建筑具有更多的自主性，参
与到场地的改造和边界的重塑，植入更新鲜的基因，使得旧场所激发和呈
现出更多当下的意义，这也是开明设计想要探讨的议题。

上海棋院
Shanghai Qiyuan

同济大学电子与信息学院
College of Electronic & Information Engineering Tongji University

同济大学艺术与传媒学院
College of Arts & Media Tongji University

苏州山峰双语学校 / 苏州山峰幼儿园
Suzhou Mountain Bilingual School
Suzhou Mountain Bilingual Kindergarten

上海交通大学智能大楼
Intelligent Building of Shanghai Jiao Tong University

上海交通大学学生服务中心
Student Service Center of Shanghai Jiao Tong University

重置
RESETTING

/

现场与边界
SITE AND BOUNDARY

采 访
INTERVIEW

Q 莫万莉 Mo Wanli ╳ A 曾群 Zeng Qun

> Q 场地往往是一个建筑项目的先决条件。但在当代中国快速城市化进程的背景下，即便在今天从增量向存量发展转向下，场地是一个稳固的因素吗？您是如何理解场地的呢？

A 近年来在设计实践的过程中，我时常会碰到这样的一种状况，即项目一开始并没有明确的场地，而因为某种临时性原因，比如用地条件的变化、建筑师的提前介入等，产生了项目的契机。比如位于同济大学嘉定校区的传播与艺术学院大楼，由于传播与艺术学院成立较晚，并未在校区总体规划中进行考虑。学院成立后，校方决定在原中心绿地西南角辟出一块建设用地。但由于打破了校园规划的原有布局，所以这座大楼可以说是一个"闯入者"。到了项目现场后，我便意识到新建筑需要尽可能地与原有的景观相结合，消解它的体量。这一过程让我逐渐意识到"场地"或许是建筑师的一种更富技术性的说法，而"现场"才能恰如其分地把一种基于在场的体验给强调出来。场地或许只是技术上的指标或是数字，但现场感源自体验与经验。也正是现场，才令建筑师可能在更早的阶段介入到项目中。比如前面提到的莲花岩民歌剧场，本身并没有明确的项目红线，依赖于现场判断，才选择了最后的项目场址。这种现场判断有时承担了一定的策划或是拟定项目任务书的角色，有时甚至会影响到项目是否成立。它超越了传统意义上对于建筑师工作的定义，甚至带有一丝丝不确定性。但与此同时，这种不确定性的状态也为建筑师提供了新的机会，一个更早进入建筑的机会。虽然这里存在一种不确定性，但当建筑师以一种开明的态度介入现场之时，一种可能的建筑姿态便已逐渐浮现，它也令建筑师得以在设计之外探索与拓展自己的角色。

上海交通大学闵行校区中的几座校园建筑设计，也有着类似的过程。这几个项目均位于校园边缘地带，用地原先为缓冲高架桥影响的绿化带。后由于学校建设的需要，便辟为建设用地。紧贴校园边界的状态以及用地形状的限制令这几个项目均天然地具有了一种"长"的空间状态。这种特殊的空间状态既对建筑的平面布置和形体布局提出了挑战，也为打造独特的水平巨构空间创造了机遇。当新建筑占据了原有的校园绿化空间之时，设计也试图通过丰富的外部空间塑造出新的校园带状公园。

> Q 在这几座交大校园建筑之外，您新近完成的苏州山峰双语学校以及更早的上海棋院项目也具有"长"的特征。一方面，其中的一些项目本身坐落于"边界"地带，另一方面，它们自身体量也在城市或校园环境中形成了一定的边界，此外还产生了具有明确方向性的内部空间。这些项目在处理"长"之于城市环境和建筑内部两方面，是否采用了一些共同的策略呢？

Ⓐ 尽管位于明确的校园用地内，苏州山峰双语学校的"长"也得益于建筑师在项目策划与规划层面上的介入。我们与 OPEN 建筑共同完成了校园规划，明确了文体中心与教学空间的布局：前者为一系列形态各异的小体量聚落式建筑，后者则为一个拥有长约 200m 内院的长向体量。我们负责了后者的建筑设计。"长"所带来的尺度张力，以及与"大"类似的容纳和互动的可能性，令设计基于各类教室的整合形成了一座立体的教学综合体。长向的空间体验如"画卷"一般，需要在靠近和步入内部之时才能徐徐展开，由此，如天光、庭院、打开的洞口等能够形成节奏韵律的空间细部，就变得极其重要。在苏州山峰双语学校教学楼中，特意设计了两座富有趣味性的"立体假山"以及连桥路径，为长约 200m 的内院创造出更为有趣的空间体验。类似地，开放、灵活的中庭空间也是几座交大校园建筑的设计重点。它们既暗示出"长"的延展性，又基于局部的丰富性，形成整体"画卷"中的"焦点"。

Ⓠ 与这几个项目相比，上海棋院或许是您所有项目中所处场地密度最高、环境最为复杂的，亦面临用地条件带来的"长"进深、"窄"正面的挑战，设计是如何平衡这些不同层面的复杂性的呢？

Ⓐ 虽然上海棋院业已处于一个高密度的成熟城市环境中，建筑师依然能够基于开明的设计态度提出超越业主设想的空间提案。项目之初，业主希望我们设计一座 60m 高的高层建筑，包括棋牌博物馆、棋类比赛大厅、研究室、办公室等一系列动静不一的功能。最终我则说服业主仅仅做一座高约 24m、几乎占满整个场地的长向建筑，就好像让原计划中的高层建筑躺倒下来一般。这是因为场地四周已存在不少高层建筑，我不希望新建筑与之形成对抗，而试图与更为低矮的毗邻里弄形成对话。项目用地非常紧张，在处理完城市退界以及日照要求后，便几乎得出了现在的体量。但在体量上呼应里弄之后，我并不希望新建筑泯然消隐于环境之中，所以用了一种非常现代的语言去处理它的城市界面。这便又呼应了一开始提到的"开明设计"既自主又融合的姿态。面朝南京西路的主立面，虽然是整个长向建筑的短立面，但却通过如棋盘般虚实相间的立面，显露出上海棋院的文化建筑特征，过滤南京西路的商业喧嚣，同时也为这个长约 150m 的建筑体量创造出如"小房子"般的感觉。

Ⓠ 您提到了通过在"现场"，建筑师可以试图超越传统的角色定义。事实上，您也有着建筑师、设计管理者以及高校教师等多重身份，这些多元的身份是如何融入以及影响您的设计实践的呢？

Ⓐ 很多时候，项目的挑战源自建筑师的介入度和自觉性。有些时候大家会觉得建筑师往往听令于业主，但事实上很多却依赖于建筑师的思考和争取。在这个过程中，一方面与现实打交道的能力非常重要。另一方面，也涉及建筑师的伦理角色，即作为一名职业建筑师和作为一名大院建筑师，我需要在每个项目中完成什么，达到什么目标，实现什么意图。有时候会因为不同的角色定位而发生一些错位，那便需要思考去如何更好地平衡这些角色。此外，作为一名高校建筑设计研究院建筑师，我有时也会扮演教育者的角色，带领我的研究生进行一些研究型工作。我觉得这是一种非常有裨益的补充，可以令我跳出建筑师或是设计管理者的身份，用另一种眼光来旁观自己的设计，从而获得更多的启发。可以说，身份的多元构成了开明设计之开阔视野的基础。

繁华中的寂静
BOOMING SILENCE

◢

上海棋院
Shanghai Qiyuan

在繁华的商业街南京西路的一侧

一块杂乱和破旧的城市地块得到重建的新生

都市的喧嚣、里弄的热闹和棋院所需要的安静沉思在这里形成反差与共识

基地位置　上海市
设计时间　2012 年
建成时间　2016 年
建筑面积　12,715m²

上：基地区位图；下：镶嵌在城市中的棋院

　　上海棋院基地位于"中华第一商业街"的南京路。南京路商业氛围极其发达，但文化设施随着资本的侵占而逐渐迁移，棋院是少有的得以在南京路上幸存的带有文化意义的项目。基地沿南京路面宽仅有不到40m，退界后可建面宽更窄，而长边纵深达150多米，东边紧邻生活气息浓厚的传统弄堂，西边是20年前建成的具有现代主义形式的高层建筑。都市的喧嚣、里弄的热闹和棋院所需要的安静沉思形成强烈反差，建筑场所的性格、周边城市空间尺度的多样性，狭窄曲折的基地形状，以及严苛的规范都给设计带来了启发和灵感。

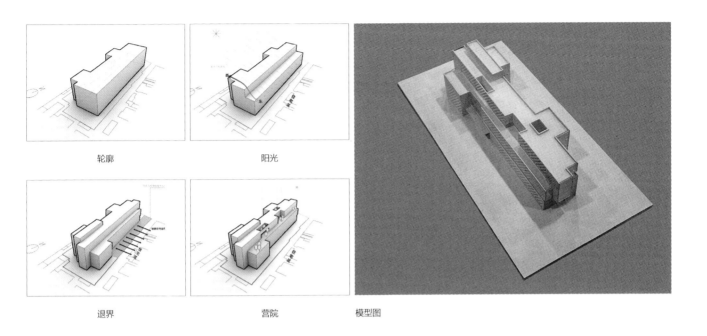

轮廓

阳光

退界

营院

模型图

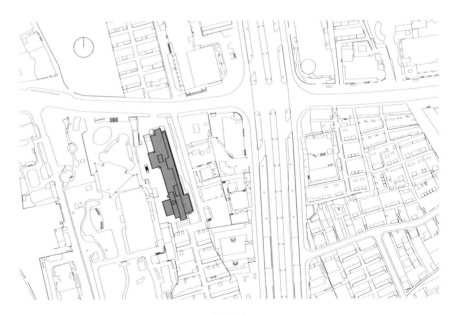

总平面图

本页：南京西路望向入口。对页：南侧鸟瞰棋院

喧嚣与静谧——滤网的隐喻

　　建筑呈现给南京路的是仅有 18m 宽带有"滤网"的立面，"滤网"是一个视觉和心理的隐喻，暗示把闹市的喧嚣过滤在外，保证了棋院场所特有的沉静气质。同时，干净典雅的重复格网立面和南京路喧闹的商业立面形成对比，变成南京路上一个安静但醒目的独特标志，为这个区域增添了文化气息，弥补了一点城市多样性的欠缺。当代棋院不仅要为棋手提供安静的对弈环境，更要为大众提供了解和参与这项运动的场所。从这个意义来说，"滤网"又是一个召唤，向都市传达着公共性的信号，吸引着人们的好奇和参与。

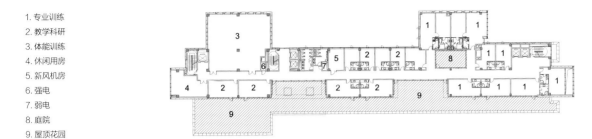

1. 专业训练
2. 教学科研
3. 体能训练
4. 休闲用房
5. 新风机房
6. 强电
7. 弱电
8. 庭院
9. 屋顶花园

四层平面图

1. 门厅
2. 比赛大厅
3. 空调机房
4. 裁判室
5. 贵宾室
6. 演示厅
7. 消防控制室
8. 电力值班室
9. 变电所
10. 环网站
11. 垃圾房
12. 新风机房
13. 弱电
14. 强电
15. 燃气表房
16. 隔油间

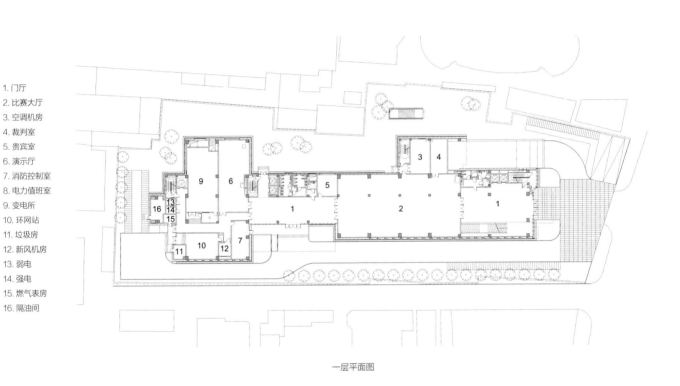

一层平面图

东立面图

对页：主入口正立面夜景

上海棋院轴测图

棋盘立面与民居里弄

顺势而为——规则的挑战

　　设计未采纳规划导则中建议的 60m 的高层建筑，而是将建筑高度控制在 24m 以内，使其和东侧里弄建筑高度近似。平面上顺应曲折的基地边界展开，形成自然的平面轮廓，仿佛镶嵌在城市肌理中。建筑水平形态整体感较强，和西边高层形成尺度上的比照。垂直向则顺应日照要求，东侧采用退台形式，既改善了里弄日照，又提供了很好的平台空间，和里弄空间保持了友善的对话。建筑仿佛是这个场所的三维最大公约数，在局促的场地、苛刻的规范之下获得了充分的自主性。同时要指出的是，某些僵硬的规范适合新建建筑，但并不适合旧城中心区更新，这也是城市规划条例亟须面对的情况。

本页：屋顶庭院。对页：屋顶平台

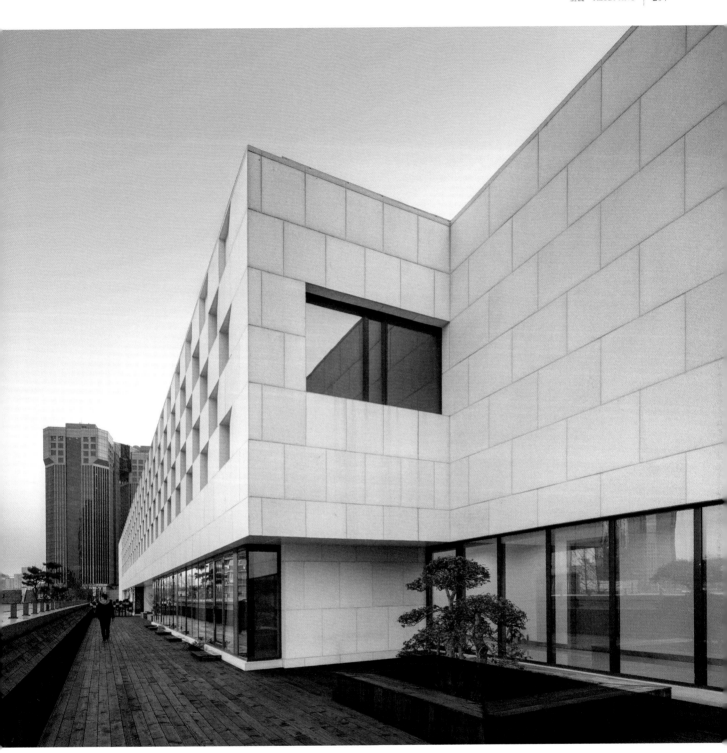

本页，对页：棋盘立面与洋房民居

黑白与虚实

与里弄的对话通过院与墙、虚与实的错落加以体现。从上海的石库门建筑中获得空间灵感，将室内和室外的虚实空间交错布局，以墙围院，以院破墙。以实墙面为主，结合体块设置水平条窗，明显的虚实对比进一步强化了体块的交错感，并和开放空间加以结合。实体墙面以逐渐变化的洞口与墙体的融合形成特殊的机理效果，变化中不失规则，如同棋盘格的变化和渗透，一方面呼应变化丰富却又有章可循的棋路，另一方面避免了狭长的立面的枯燥和单调。深凹错落的窗洞弱化玻璃窗对周边居民的影响。变换的棋盘侧墙如同一面光筛，自然地过渡了建筑的内外，顺应着功能的变化，同时也将建筑分散的体量通过统一的立面手法得以融合，形成整体效果。

置入与释放
——同济大学嘉定校区建筑实践

MERGING AND RELEASING
-- ARCHITECTURAL PRACTICE IN JIADING CAMPUS OF TONGJI UNIVERSITY

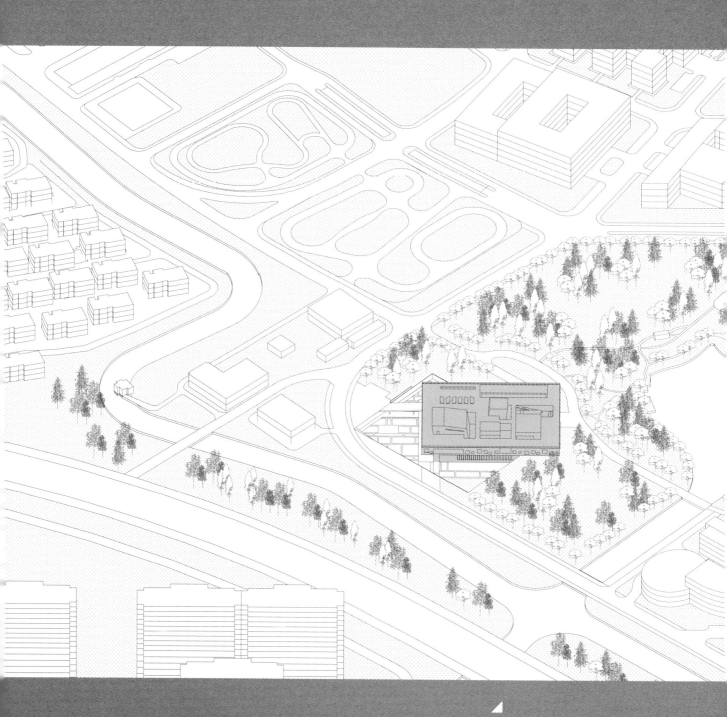

同济大学艺术与传媒学院
College of Arts & Media Tongji University

大学嘉定校区是同济大学进入 21 世纪以来，自 2001 年开始建设的新校园，不同于四平路的老校区，新校园的规划呈现出宽松的低密度状态。经过五年的设，嘉定校区的肌理图底已初步形成，在这个时间点我们参与了其中两个学院建筑的设计实践——电子与信息学院和艺术与传媒学院。

两个项目地块分别位于校区图书馆的南北两侧，一个处在相对有序的规划网格之中，另一个位于空旷的景观绿地之内。因为场地特点的不同，两个项目分别现出了对于规划建筑群体和自然环境的两种不同的置入状态。他们是校园中的两个点，但同时也是两个触媒，为新校园构筑新的氛围。两个建筑的形体都在图突破"点状"的束缚，分别通过正置和倒置的手法释放和消解体量，使得建筑更好地融入各自所在的环境，同时也都分别注重内部活力空间的构建，通过本与虚空的不同组合方式形成丰富的内部世界与交流平台。嘉定校区的两个实践诠释了一种对场所"轻盈"的介入和"活力"的释放。

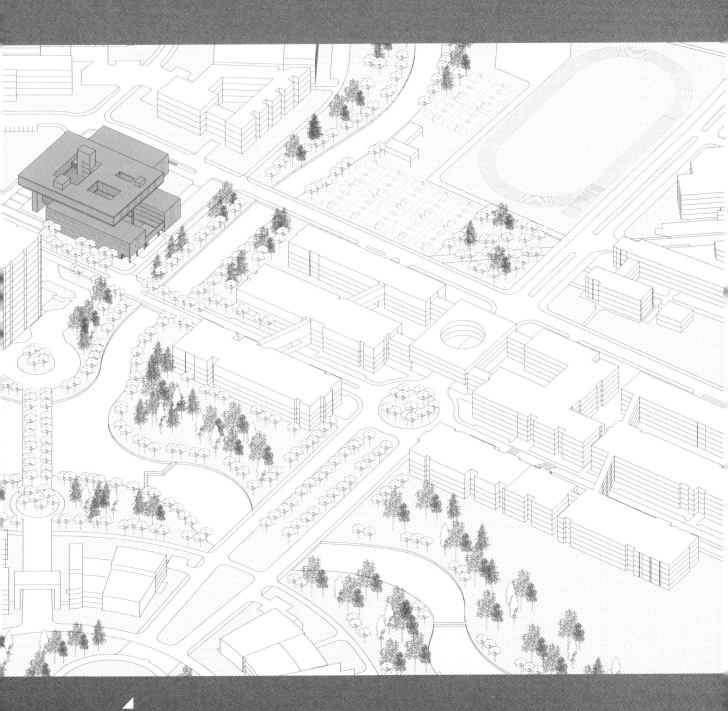

同济大学电子与信息学院
College of Electronic & Information Engineering Tongji University

虚空的意义

THE SIGNIFICANCE OF EMPTINESS

▲

同济大学电子与信息学院

College of Electronic &Information Engineering Tongji University

设计试图找到一种新的组织方式来阐释"实"和"空"的内涵

打破两者之间的界限，混淆两者之间的对立

以此建立人、建筑和自然间的新的融合和互动

基地位置 上海市
设计时间 2005 年
建成时间 2007 年
建筑面积 29,969m²

基地区位图

"世外桃源"

　　同济大学嘉定校区位于上海市西北郊的嘉定黄渡，距离市中心约 50km。相比老校区，新校区占地宽阔，建筑规划有序，绿化一丝不苟，整个校区处处营造考究。这种经营也使得校园呈现出类似公园的环境优势，加上校园的人文气息，使得她与周边躁动的环境大相径庭，简直可以说是"世外桃源"。但因为尺度的疏离感，建成之初显得人气不足，外部空间活力欠缺，交流行为大大减弱。因此，学院自身建筑空间的增大反而让师生更乐于在自己的地盘活动，这种"无处可去"的现象客观上强化了学院自身场所的价值，从这个意义上来说，一幢幢学院大楼更像一个个自我发展的"微型城市"。

　　电子与信息学院大楼即是这里众多的新建筑之一，它位于规划的学院区最南端、校园最高建筑——图书馆的北侧。作为学校发展的要求，同很多学院一样，新楼的建设不只是提供一个新的工作场所，更重要的是整个学院都要由老校区整体搬迁至此，这意味着工作了半世纪的场所将不再延续，老师们也将开始一种和以往截然不同的工作方式——他们需要从市区驱车（或乘车）几十公里来到新的场所工作。这种和过去彻底割裂的一刀两断式的场所转变对于习惯了老校区的生活便利的人们会感到相当的不适。当然，新学院也提供了很好的条件：即更大的空间和更好的设施，无疑这些硬件更有利于实验和工作。

总平面图

模型图

建筑形体上下分为三段、水平展开

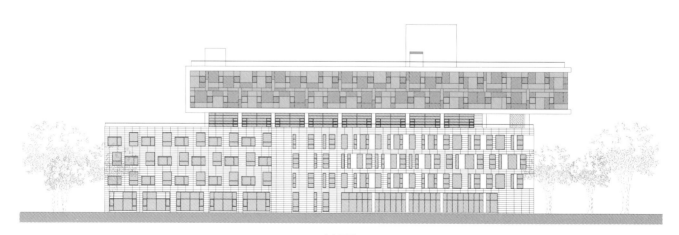

南立面图

立面呈现数码化的意象

虚空的意义

对设计来说，我们并不满足仅仅提供面积更大、功能更全的建筑，我们还期望提供一个更富活力的新场所，它能够在新环境中对使用者产生新的吸引力，使人和建筑之间产生新的交流方式。电子与信息学院作为一个典型的工科学院，对科学、理性以及创新的追求是它的内核。我们试图运用一种逻辑清晰的组织方式，建构一个充满变化、不那么清晰的空间，以此来激发使用者的想象力和创造力。设计根据不同功能分成几个不同体量的实体，通过这些实体之间的组合、堆叠、架构等操作策略，创造了一系列不确定的"虚空"，这些"虚空"或内或外，或功能明确，或暧昧不清，体现了一种含混、转换、渗透，类似柯林·罗"透明性"的空间语义，包括中庭、院子、平台、架空层、檐下空间等，成为理性功能空间外的交流、休憩和思考的场所。行走在学院内，空间和视觉感受变化不定，如同游走于一座叠加的微型城市，虚空是城市的广场、街道和公园，是城市的呼吸和活力的所在。

对页：中庭内各层错落布置挑出的体块。本页，左：连接南北楼的三层连廊，一边是室内中庭另一边是后庭院花园；右：后庭院花园营造的安静私密的休憩场所

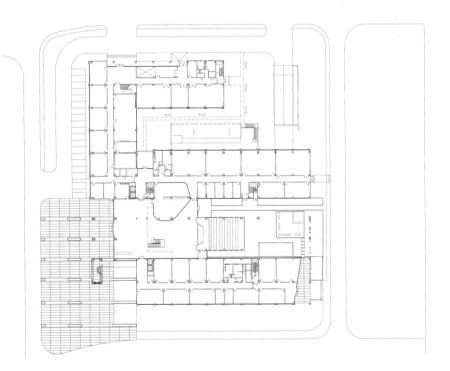

一层平面图

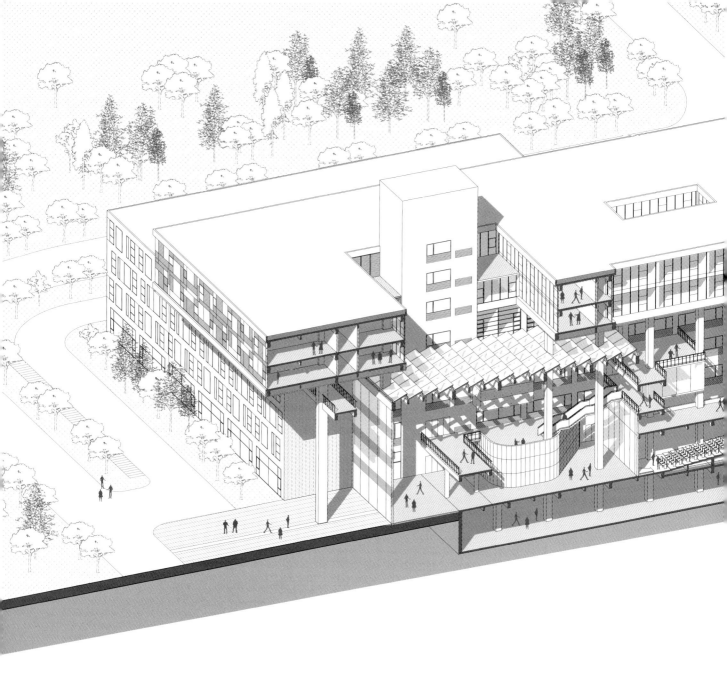

剖面的释义

　　3万多m²的电信学院占地并不宽裕，大楼共7层，为32m的二类高层，每层面积平均5,000m²。面对这样一个庞然大物，我们借鉴了"叠石"的方法。七层楼层在视觉上分成两部分，二层高的方盒子"搁置"在四层高的基座上，形成一个尺度协调、体型丰富、内部空间复杂的建筑。

　　建筑的剖面清晰地诠释了这个建筑的复杂性，在一系列剖面的图解中，我们可以清晰地看到物质的组织逻辑、构建方式、空间布局，也可以感受到虚空的开放、包裹、转折和通达。实与空的并置和转换，带来很强的视觉层次感和体验丰富性。

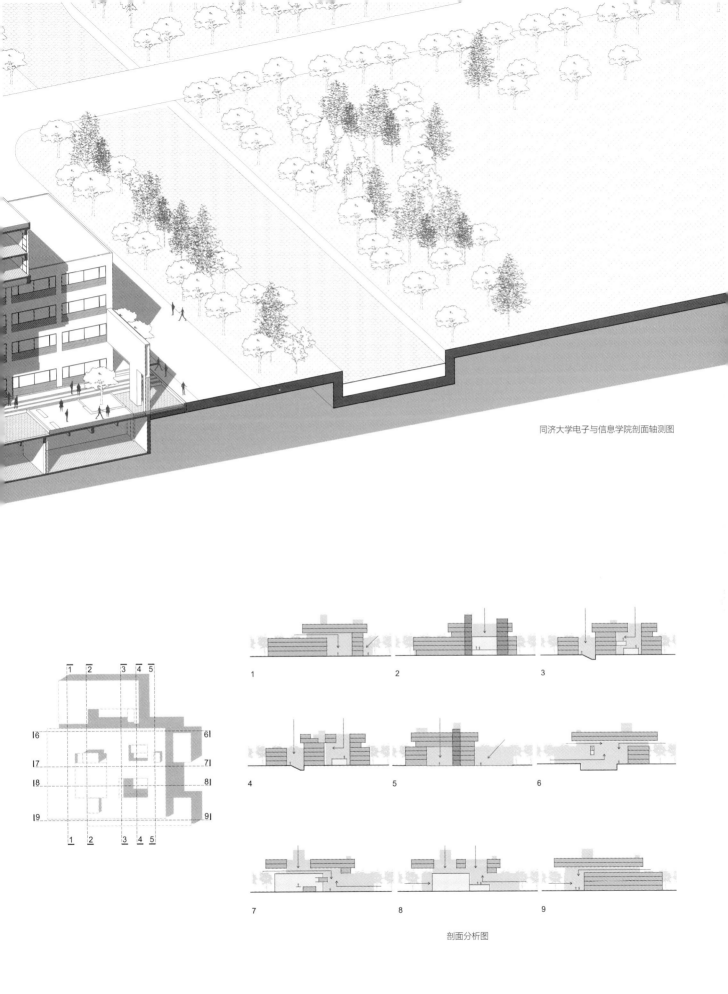

同济大学电子与信息学院剖面轴测图

剖面分析图

不速之客
UNEXPECTED GUEST

同济大学艺术与传媒学院
College of Arts & Media Tongji University

这是一座没有主立面、没有高度、甚至没有"关键形象"的建筑

她理性中带着活力、冷峻中带着激情、拙朴中带着变幻

她是一个聚会的"闯入者"

但她友好、融洽，与大家和睦相处

同时也展示着自己不同寻常的魅力

基地位置　上海市
设计时间　2006 年
建成时间　2008 年
建筑面积　10.987m²

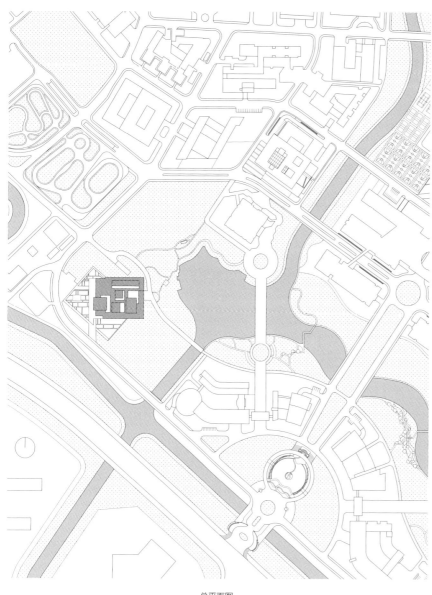

总平面图

闯入者

同济大学新校区位于上海市郊的嘉定区，像大多数近年来的高校新校园一样，占地开阔，规划完整，建造迅速，学校一些传统的理工类骨干学院首先落户于此。之后，鉴于新校园"技术"气质过强，人文气质欠缺，学校决定将成立不久的艺术与传媒学院（下简称传媒学院）引入，以增强校园的文化艺术氛围，文理交融，创造新的大学精神。

因此，传媒学院的用地并未在规划之中，几经研究，校方最后决定在中心绿地的西南角辟出一块建设用地，这块地位于所有其他学院建筑的南面，并且置于最高建筑——图书馆的眼皮底下，以至于图书馆和院系大楼无意中成了她的视觉背景。就像传媒学院是校园的新学院一样，学院大楼也成为校园规划中的不速之客。如何在这个中心景观带上安置这个"闯入者"，既融洽又积极地融入现有的格局，这个敏感性的思考成为我们设计的原点。

本页，上：东北侧鸟瞰；左下：模型图；右下：手绘草图

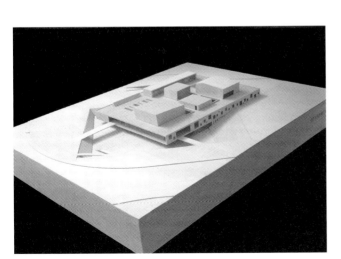

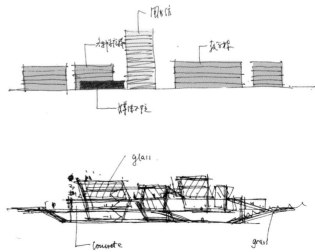

本页：黄昏中的西立面及下沉广场。对页：黄昏中传媒学院与背景中 50m 高的图书馆大楼形成和谐的图景

消解与自主

传媒学院面积不足 1.1 万 m²，学校最初的想法是一幢四至五层楼的建筑，这将与已建成的其他学院建筑高度类似，也算是一种协调。但是，这种看似顺理成章的设计在广阔的绿地上显得十分孤立，为此，我们决定尽可能地降低建筑的高度，让它贴近大地，成为中央绿地的一部分。建筑大部分为一层高的混凝土方盒子加少量局部二层，并充分利用地下室解决部分使用功能。方盒子安静地匍匐在大地上，消解的体量对总体规划及北边图书馆和院系大楼表达了应有的尊重。同时，建筑独特冷峻的语言又传达出一种人文色彩，展现了和其他建筑截然不同的气质，既融入环境也表达自我，完成了对环境和文脉谦逊又积极地介入。

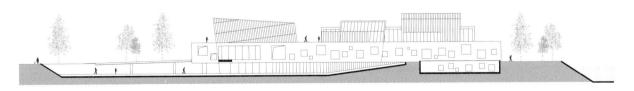

南立面图

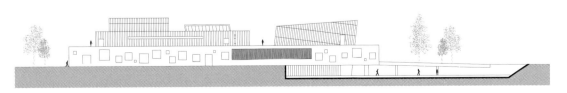

北立面图

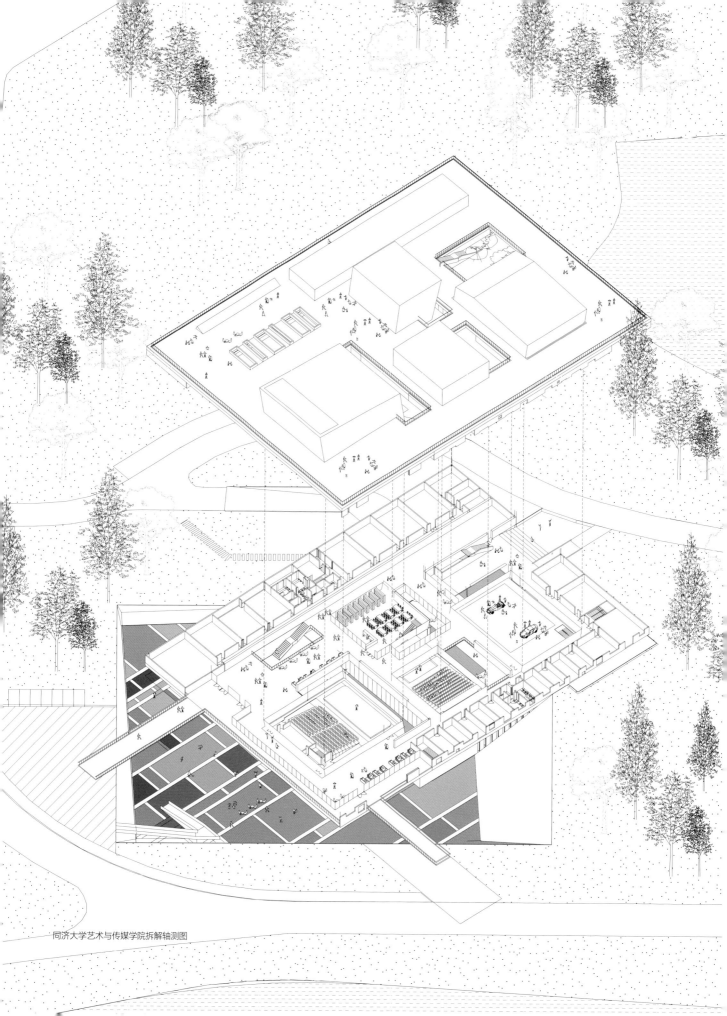

同济大学艺术与传媒学院拆解轴测图

1. 展示
2. 演播室
3. 图书馆
4. 新媒体视听室
5. 专用汽车摄影棚
6. 审片室
7. 非编工作室
8. 画室
9. 内院上空
10. 行政办公
11. 门厅
12. 中庭

二层平面图

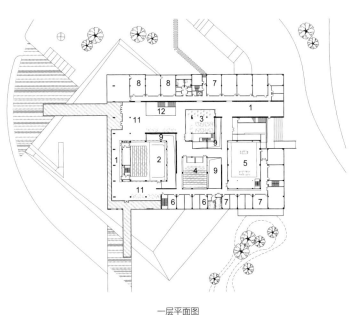

一层平面图

空间范式：堤坝、岛屿和流水

在对形体进行了尽可能地消解了之后，对内部功能也进行了重新演绎。首先，我们对学院的行为特性进行了分析，并归纳出三种范式：私密空间、公共空间和开放空间。私密性强的工作室、办公室、小教室等位于建筑的外边，有良好的采光和景观，是界定空间的"堤坝"；中间散落着共享的公共功能属性强的若干个"岛屿"，包括图书馆、演播厅、多功能厅、摄影棚等，位于私密空间的包围之中，能够最便捷地到达；两者之间是开放空间，是环绕着"岛屿"自由蔓延流淌的"流水"，它的空间形式和功能一样都是模糊和不确定的，是门厅、展厅、画廊、休息、走廊等功能混合的场所。建筑还设置了大小形状各异、直通地下层的庭院，将自然引入建筑内部，使得庞大平面的内部依然光线充足。通过空间范式的重构，建筑内部呈现出一种连续、交互、暧昧，充满了无限可能性的特性，和硬朗确定的外表产生耐人寻味的比照。

本页，上：面向校园东侧景观湖面设置人行次入口；中：从主入口桥面望下沉广场；下：下沉广场与地面以斜坡相连，消解高差，使景观形成自然的过渡。对页：东侧面向湖面的次入口广场

本页，上：悬挑的混凝土连廊提供了空间的多变性；下：屋顶上木质铺地与锌板包覆的体量形成了一副人造山峦的景观。对页：水平方向的挑空连廊与立面倾斜的锌板幕墙形成对比

本页：图书馆彩釉玻璃墙面上书写 NEW MEDIA NEW LIFE。对页：大厅白色石膏板吊顶与深灰色地面对比使空间更加开阔

时光印记

我们希望建筑也是有生命的，能随着时光流逝而变化、生长。建筑一层主体采用清水混凝土外墙，两层高的公共空间外挂灰色暗扣型钛锌板，它们均质而随意地穿插在一层高的方盒子上。混凝土稳固、朴实和冷峻，而表面未预氧化处理的钛锌板随着时间的推移，因氧化会呈现不同的质感，增加了一种时光感。这两种材料带来了视觉的强烈对比，也赋予了这座建筑和已有建筑截然不同的个性。室内也大面积采用了素混凝土和干净的白色墙面及吊顶，室内焦点的图书馆大玻璃则采用了媒介之特征的亮黄色圆点彩釉玻璃，使得室内冷峭的气氛得到稀释。值得一提的是地下层大厅地面采用了大红色，制造了强烈的视觉引导，使得本来较为消极的地下层变得活跃和动感。

左：中庭楼梯及天窗，大面积的两层混凝土墙面可作为投影展示的背景；右：一层开放展厅

长卷与焦点
拼图与认知

SCROLL AND FOCUS
PUZZLE AND COGNITION

◢

苏州山峰双语学校
Suzhou Mountain Bilingual School

苏州山峰幼儿园
Suzhou Mountain Bilingual Kindergarten

一所致敬苏州的建筑

超长的建筑、重复的构件、自然的庭院

建筑展现出的"longness"的尺度张力和人行为之间容纳互动的关系令人流连忘返

以拼图的灵动形态和游戏思维为出发点

营造适合幼儿身体尺度的认知空间

让幼儿园本身成为儿童活动和探索的容器

基地位置　江苏省苏州市
设计时间　2020 年
建成时间　2022 年
学校 建筑面积　59,086m²
幼儿园 建筑面积　9,799m²

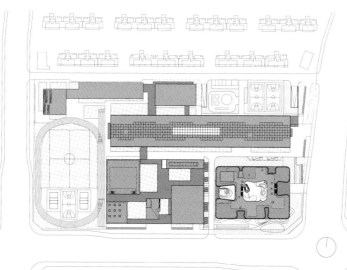

总平面图

学校整体鸟瞰

    项目位于苏州相城区，是一所幼儿园至高中的 K12 寄宿制双语学校。其中幼儿园独立居于矩形基地的东南角，其余部分为小初高校园。

    校园布局分为清晰的三部分，由南至北依次是：文体设施、教学楼，以及宿舍、食堂等生活后勤用房。Open 建筑设计事务所主持设计的校园文体中心位于南侧，是校园的形象和标志，综合教学楼则居于基地中部，成为场所的背景和骨骼。

本页：教学楼与文体中心间连廊。对页：教学楼南立面

教学楼——Longness 的意义

Open 建筑设计事务所主持设计的文体设施，是一组具有当代园林空间特质的聚落式建筑，形式独特，是校园的形象和标志。笔者主持的教学楼设计则采用另一种截然不同的策略，它是一栋 200m 长的庭院的单体建筑，直率而简朴，它是文体中心的背景，也是场所的骨骼，具有强烈的基础设施的特征，不管是功能层面还是公共性层面，都展现了最大的容纳性和共享性。超长的建筑、自然的庭院、重复的构件，让我们回味到尼耶迈耶设计的巴西里约大学中心教学楼中的感受，建筑展现出的 "longness" 的尺度张力和人的行为之间容纳互动的关系，令人流连忘返。

1. 实验教室
2. 办公室
3. 外廊
4. 普通教室

二层平面图

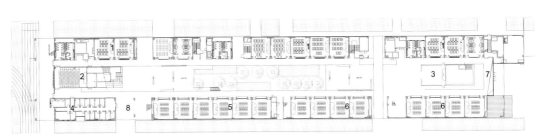

1. 实验教室
2. 合班教室
3. 多功能教室
4. 乐器排练室
5. 兴趣教室
6. 普通教室
7. 高中部入口门厅
8. 小学、初中部入口门厅

一层平面图

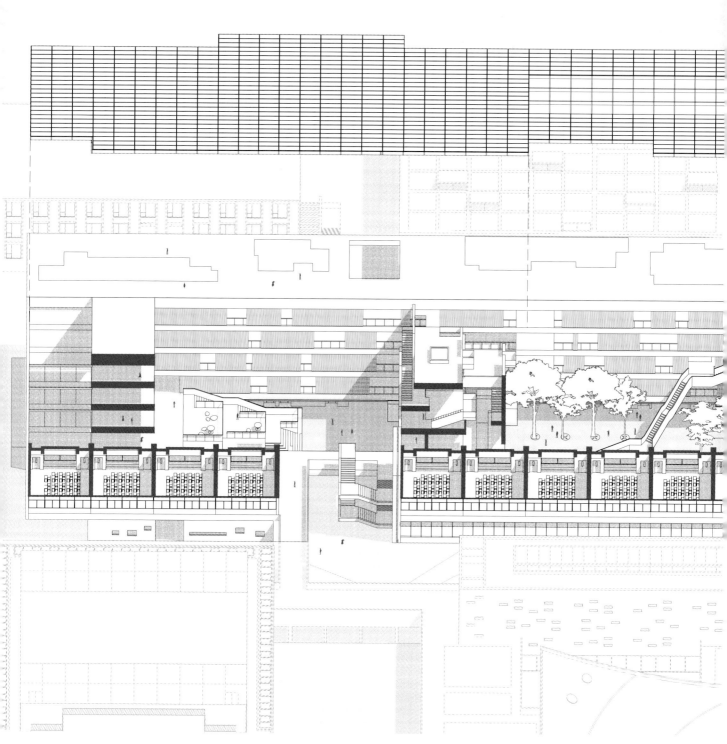

苏州山峰双语学校剖面轴测图

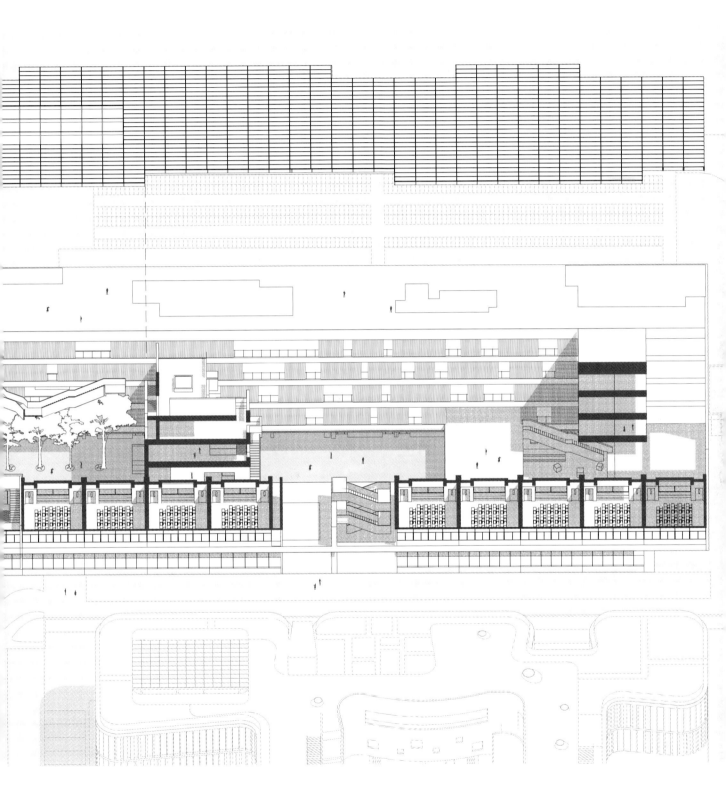

长卷与假山

教学楼由于位置和尺度原因，事实上很难看到整体形象，只有靠近和走入内部体会它的特色，犹如观看一幅中国传统绘画中的长卷，需要徐徐展开，用时间来体会空间，才能一窥全貌。和里约大学建筑不一样的地方是，"长卷"的庭院空间并非一通到底，而是分为三个庭院，增强了不同年级师生的认同感，在庭院我们设置了两处节点，是交通设施，更是师生交流、休息、思考的非功能场所，错落的空间、交错的形式、盘旋缠绕的楼梯给人们攀爬"假山"的有趣体验，也是"长卷"两处视觉和体验的空间焦点，犹如浏览长卷时的凝眸，"长卷"和"假山"同样是设计回应地域文化的一种隐喻。

对页，左：高中部入口中庭；右：共享绿庭内景。本页：小初学部入口中庭

结构分析图

对页："假山"近景。本页，左："假山"与竹林；右："假山"内部空间

我们将苏州园林内的假山、太湖石转译为多孔、通透的"立体假山"的形象。

相比一般的双跑楼梯，学生们可能更愿意去在这个生动有趣的空间里去活动、上下行走。

我们的设计——"立体假山"，也从外在视觉的焦点，转变为了教学楼内部事实上活动的核心。

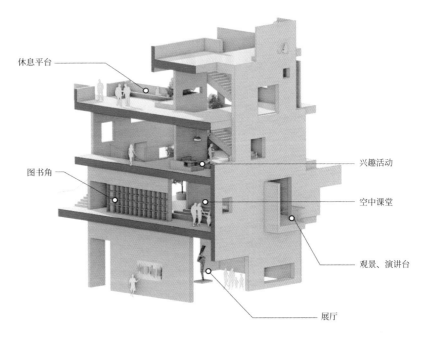

休息平台

图书角

兴趣活动

空中课堂

观景、演讲台

展厅

功能分析图

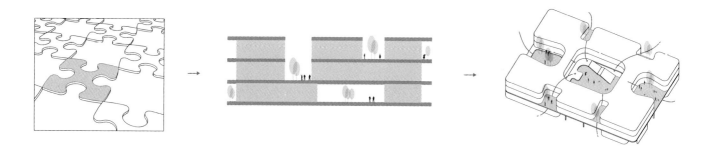

形体分析图

幼儿园——拼图与认知

在幼儿的教育中，空间认知能力和语言、数学同样重要。幼儿喜欢探索空间，这一过程对幼儿的大脑发育十分重要。为了营造更多探索性的认知空间，设计选取儿童喜爱的拼图游戏，以拼图的灵动形态和游戏思维作为出发点，形成幼儿喜爱的整体建筑形象。同时，利用拼图的凹凸关系，形成符合儿童心理的游戏性、互动性和探索性的室内外活动空间，让幼儿园本身成为儿童活动和探索的容器。

幼儿园总体鸟瞰

幼儿园西南侧人视

外立面针对拼图的理念，通过调整灰白色穿孔铝板的角度及布置，透出内部黄色、绿色的明艳色彩的墙面，形成丰富又具有童趣的外部表皮，犹如儿童拼图拼贴画。简洁中不失童趣，完整中蕴含丰富变化。

苏州山峰幼儿园剖面轴测图

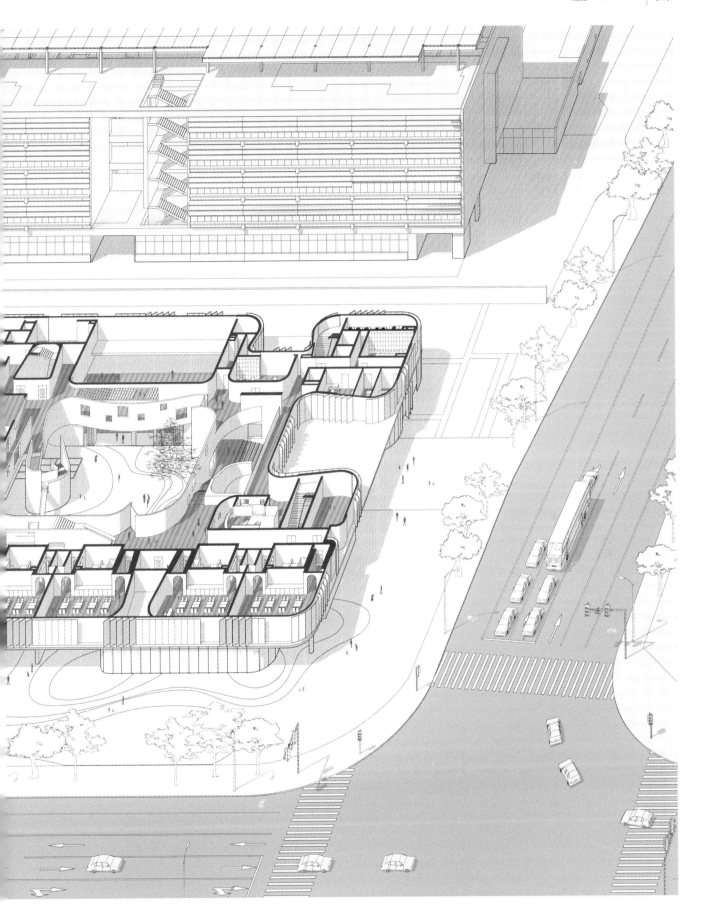

活动与空间

　　在幼儿园设置了 24 个活动单元，围合形成中心庭院，其间形成立体活动场地，爬坡、沙坑、山洞、滑梯等器具自由地布置于其中，让小朋友在院落中自由玩耍。中心庭院通过架空与南侧活动场及西侧庭院联系，围合却不封闭。架空空间释放出更多互动有趣的场地，形成全天候的活动场所。西侧庭院结合喷泉水景，为儿童打造戏水空间，自然下凹的场地形成可积水区域，遇到下雨或喷泉开放，地面自然形成积水，成为小朋友踩水的场地，释放儿童天性。

　　建筑内部同样环绕中心庭院，处处设置符合儿童活动的小空间，可窥视的小窗，可躲藏的转角，可爬游戏的滑梯，从底层到顶层，形成室内外的探索路径。路径串联起幼儿园内的公共空间及主要活动空间，从门厅开始，经过滑梯探索空间、游戏角、阅读空间、海洋球探索区，到达屋顶活动场地。幼儿可在开敞屋面奔跑玩耍，同时也结合幼儿课程需求，形成分片区的植物认知园和采摘园，让幼儿接触自然。这条探索路径也与幼儿园内部日常使用流线相结合，小朋友在幼儿园中行走或奔跑，都不再乏味。

对页：庭院内戏水活动空间。本页，上：幼儿园南立面；
中：中央活动庭院；下：庭院近景

活动庭院内景

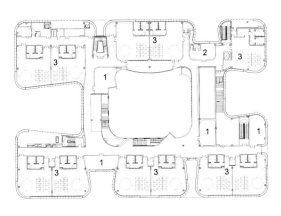

1. 活动室
2. 员工之家
3. 活动室兼卧室

三层平面图

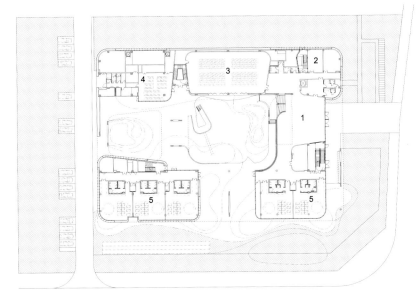

1. 晨检大厅
2. 接待室
3. 综合活动室
4. 职工餐厅
5. 活动室兼卧室

一层平面图

天性与形象

利用儿童喜爱从洞口观察外界的天性，围绕中心庭院的立面开设大小不一洞口，与户外的庭院形成交流互动，小朋友可随时停下，从一个洞口偷偷观察庭院中的游戏中小伙伴。

外立面针对拼图的理念，通过调整灰白色穿孔铝板的角度及布置，透出内部黄色、绿色的明艳色彩的墙面，形成丰富又具有童趣的外部表皮，犹如儿童拼图拼贴画。简洁中不失童趣，完整中蕴含丰富变化。

本页，上：阅读空间；中：幼儿园活动室；下：幼儿园门厅中庭。对页：幼儿园门厅

门厅三层通高，为儿童开启了一个白色童话空间。引导光线从顶部缓缓进入门厅，结合室内灯具的布置，将小朋友的视线引向上方。
阅读区同样营造符合儿童身高的空间，在高度上营造空间趣味性。二层的阅读区两端翘起，在上部形成合适仰躺的阅读空间，在下部形成活动空间。

边缘与边界
——上海交通大学闵行校区建筑实践

EDGE AND BOUNDARY
ARCHITECTURAL PRACTICE OF SHANGHAI JIAO TONG UNIVERSITY MINHANG CAMPUS

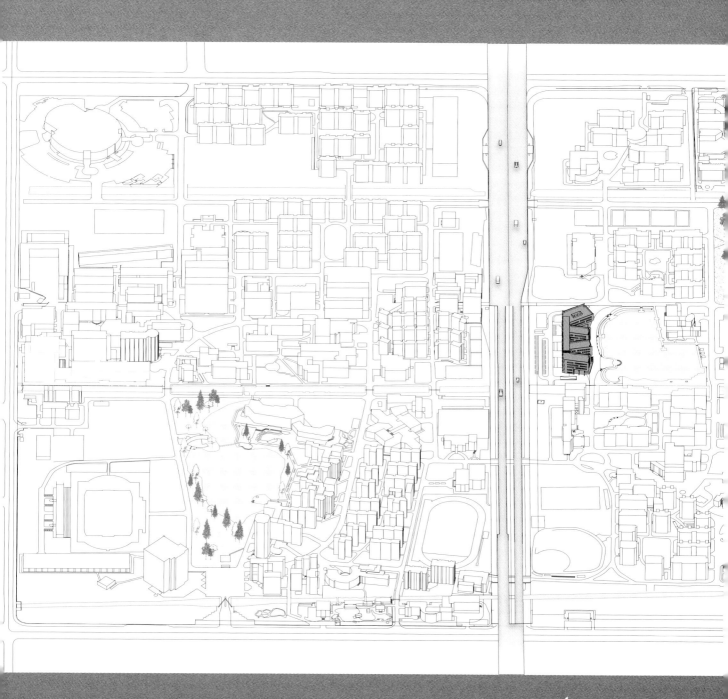

上海交通大学学生服务中心
Student Service Center of Shanghai Jiao Tong University

海交通大学闵行校区是一个改革开放后开始建设的新校园，地处郊区，自 21 世纪始，建设迅速发展。校园有着统一整体的规划，主要建筑群落已经建成，这灰色和砖红色建筑的风格，跟许多近二十年来快速建成的校园建筑很类似。2018 年以来，我们有机会在这里进行了多个实践，得以继续探索校园、城市、自、科学以及人之间的关系。上海交大有着浓厚的理性品性以及强大的科学创造力，我们希望通过新的建筑植入，给这个顶尖学府已经成型，却有些乏善可陈交园空间带来新的空间语言和活力。

于篇幅限制，本书中仅选取了两个代表性项目。两个项目原本都不在最初的校园规划之中，都是随着校区发展，建设增容而应时选中的基地，它们散落于校为不同的方位，但又有着相似的用地特征。它们或位于校园边界贴临围墙，或背靠穿越校园的高速干道，似乎都是以往校区建设留下的"边角料"用地，有天然的"边缘"属性。但同时，用地的"边界"条件又是极为不同：自然与人工之间，校园与城市之间等等，如何应对不同的用地界面，建立不同的"边界"络发掘项目潜力，使之与边界外或自然或人工的环境达成共存，是设计思考的议题。

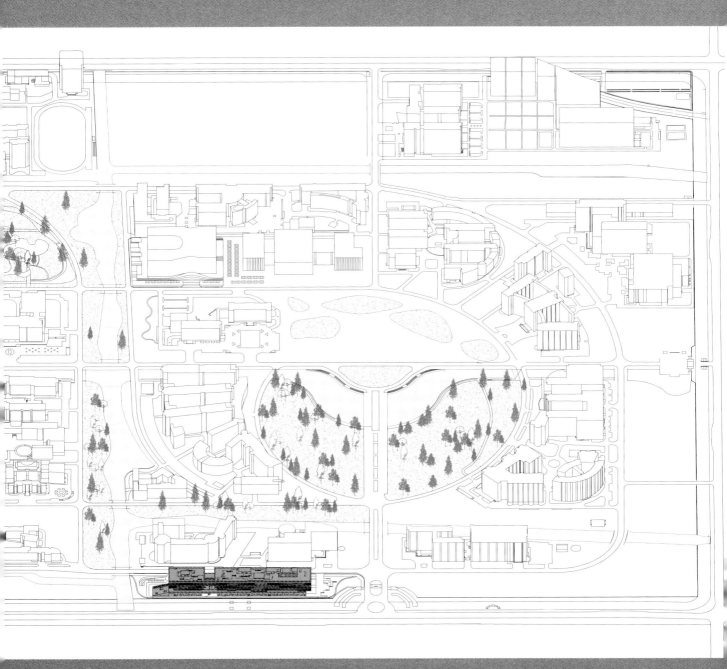

上海交通大学智能大楼
Intelligent Building of Shanghai Jiao Tong University

围墙之畔的巨构
MEGA-STRUCTURE BESIDE THE FENCES

上海交通大学智能大楼
Intelligent Building of Shanghai Jiao Tong University

一座 220m 长的绵延巨构沿着校园的围墙边界徐徐展开

设计界定了大学对外的轮廓和形象

也营造了对内的风景和共享的场所

基地位置　上海市
设计时间　2018 年
建成时间　2023 年
建筑面积　40,181m²

本页：整体鸟瞰。对页：校园内部透视图

围墙之畔

项目的基地原本是校园边界贴临围墙的一条狭长绿地，伴随着国家在"人工智能"这一新兴产业的布局和上海交大相关学科的飞速发展，这块绿地被赋予了建设一座新型实验平台大楼的使命。建设地块紧贴校园南侧边界，地块东西长约355m，南北宽约50m，用地形状的限制对于建筑的平面布置和形体布局提出了挑战，但同时也为打造一座独特的水平巨构创造了机遇。

建筑在形体布局上顺应基地特点沿东西水平展开，根据功能需求布置长短不同的两段形体。形体之间利用中庭、连廊和平台形成丰富的共享与交流空间。各功能单元在空间上彼此独立又相互联系。建筑在形象上一气呵成、徐徐展开，总长度约220m。设计有意通过层间结构挑板形成有力量感的横向线条，水平形体气势宏大、绵延不绝，形成国内高校中鲜有的超长体量科研实验建筑，为校园的边界界定了清晰的轮廓。

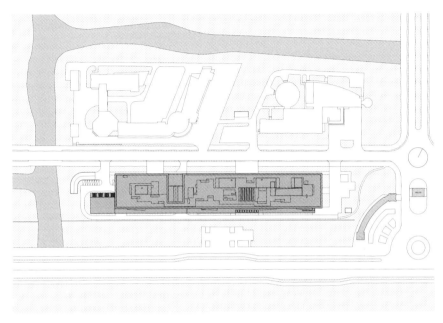

总平面图

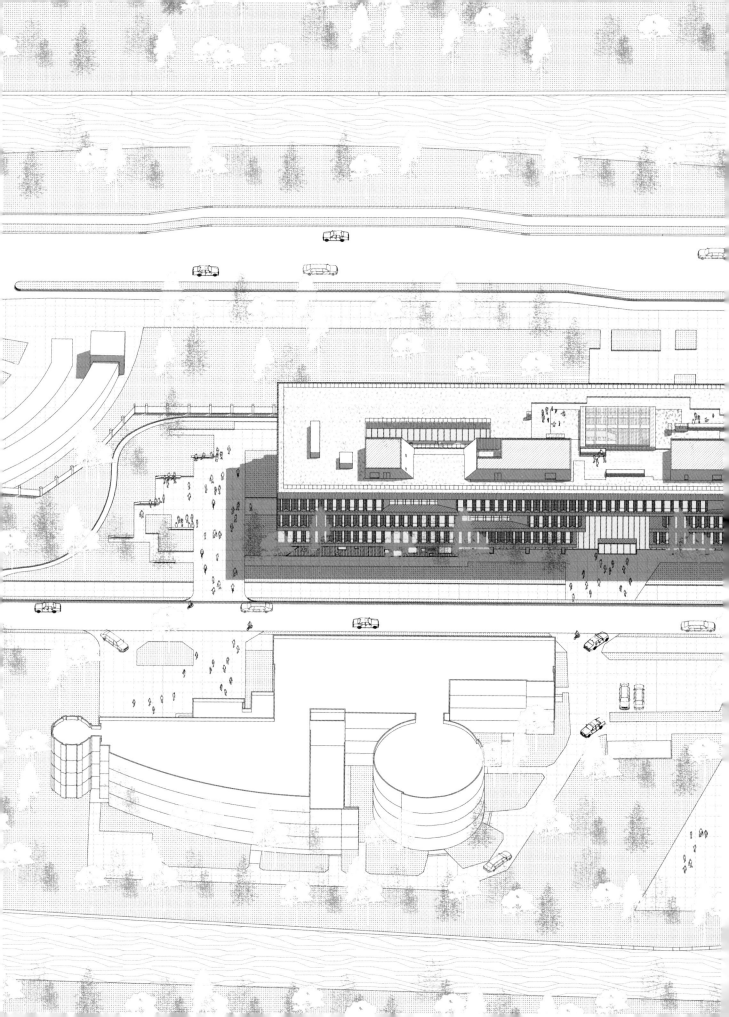

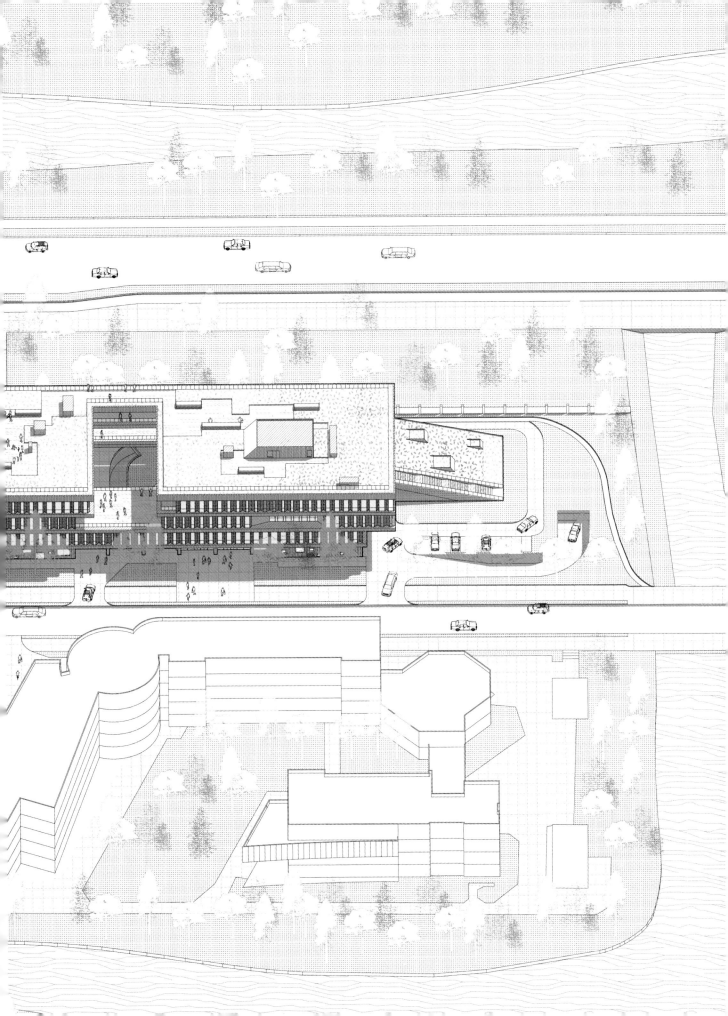

中庭效果图

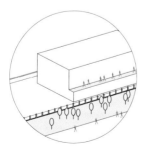

面向南侧城市绿地退台

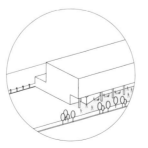

校内底层架空形成交流空间

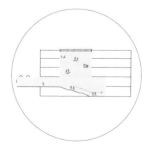

内部打造中庭共享空间

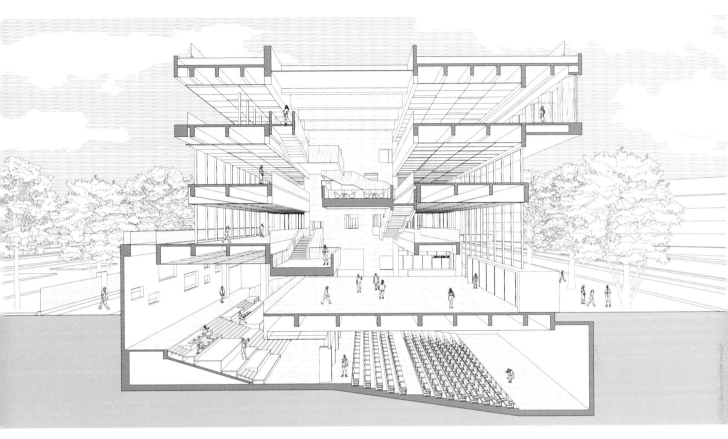

上海交通大学智能大楼剖透视图

还原的绿地

基地现状是校园中难得的一块草木葱郁、配备有健身步道的校园带状公园。我们希望建筑的介入不仅不会打断原有连通的健身步道体系，反而能够通过丰富的外部空间为师生提供一块体验更加立体、丰富的休息和交流场所。建筑的外部空间分别在面向围墙外城市绿地的南侧和面向水体景观的西侧设置二层平台及草坡，最大限度地亲近自然，科研人员可以便捷地进入室外空间接触景观要素，在树梢之上的高度呼吸清新的空气和体验更加良好的视野。北侧和东侧是本项目面向校园内部的主要形象立面，建筑面向校园内部适当打开，底层内退，通过结构悬挑形成灰空间，为师生提供檐下活动和停留的场所。设计用连续的绿化屋面再现基地的原始记忆，用新的立体、多级的活力生态绿化空间与户外活动平台空间，打造新的校园公共活动场所，不仅为科研人员服务，也向全校师生提供公共空间，促进休闲共享交流。

内部的交流平台

建筑内部以大空间的实验平台为主，实验室内无隔墙，便于未来灵活划分。建筑结构布置与平面功能相呼应，在大空间实验室中沿单向布置主要结构，形成阵列，设备管线沿梁格布置，内装考虑无吊顶暴露结构，展现结构之美。实验室外部的走道中散落布置有研讨空间，形成自由、流动的内部空间氛围。对应建筑的入口门厅设置有四层通高的中庭空间，中庭两侧两片通高的清水混凝土片墙界定了中庭空间的边界，墙面上星罗棋布的开洞形成了门洞、观察窗等趣味性的半遮蔽空间，中庭楼梯穿插其间，收放有致，利用放大的楼梯休息平台形成交流场所，给使用者以盘旋向上的山间栈道的使用体验，结合顶部天窗洒下的天光，营造出了丰富的光影关系。

阻隔与开放
BLOCKING AND OPENING

◢

上海交通大学学生服务中心
Student Service Center of Shanghai Jiao Tong University

基地两侧一面喧嚣，一面静谧

呈现出截然不同的边缘属性

建筑通过"阻隔"与"开放"不同的边界策略回应场地

在东西侧形成两种不同的建筑表情

基地位置　上海市
设计时间　2019 年
建成时间　——
建筑面积　24.460m²

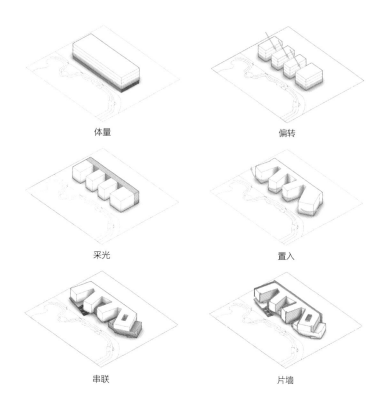

体量   偏转

采光   置入

串联   片墙

边缘用地

    这是一个位于校园边缘的建筑，项目原本并不在最初的校园规划中。"以学生为本"是当代高校发展的重要理念，随之而来的是学生中心也是近年来高校建设的一个新的重要类型。这是为项目应时选中的一块基地，南北长东西窄，西侧已经贴临校园的边界，背靠城市高速干道，而东边则紧邻景观湖面，绿色亲水。相对于教学科研等功能建筑充足整齐的用地，这个基地具有某种天然的"边缘"属性。

边界策略

    基地东西两侧有着截然不同的风景，西侧是城市基础设施，东侧是自然景观，西侧是直线、快速、机器和瞬时的，东侧是柔和、缓慢、生机和闲适的。如何回应这个"边缘"地带的特质，发掘其内在潜力成为设计的关键。

    我们用不同的"边界"策略来建立设计的理念。在西侧，建筑边界是简单的直面，平行于高速路，五层高的立面相对封闭，功能设置了公共交通空间和辅助用房，隔绝了高速车流带来的喧嚣嘈杂，少量的开窗顺应楼梯和平台的行动线路，使得中庭依然可以一窥城市风景。同时，从高速干道开车快速通过时，我们可以看到一个类似城市基础设施的建筑，简洁拙朴，成为校园的一个标志。

    东侧边界则是不规则的指状型，"手指"伸向湖面，与曲折的湖岸产生良好的对话，将湖景引入院子，同时解决了因基地南面面宽过窄带来的采光和通风问题。东侧布置了主要的功能性活动空间，是学生交流活动的场所，形式操作采用更通透轻松的方式，开放的立面与西侧的厚实形成两种不同的表情。

东侧实景鸟瞰图

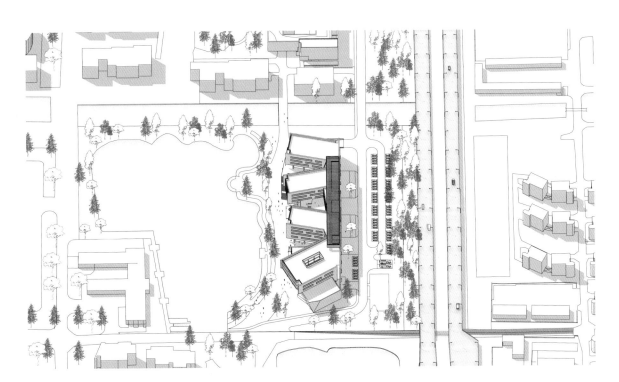

总体轴测图

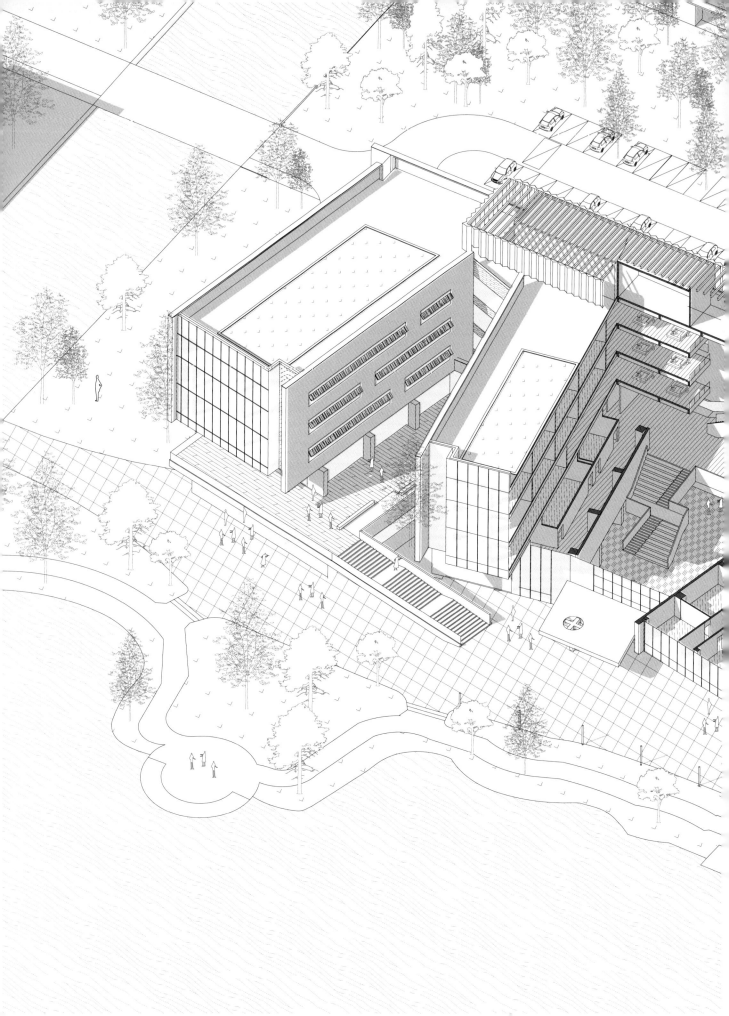

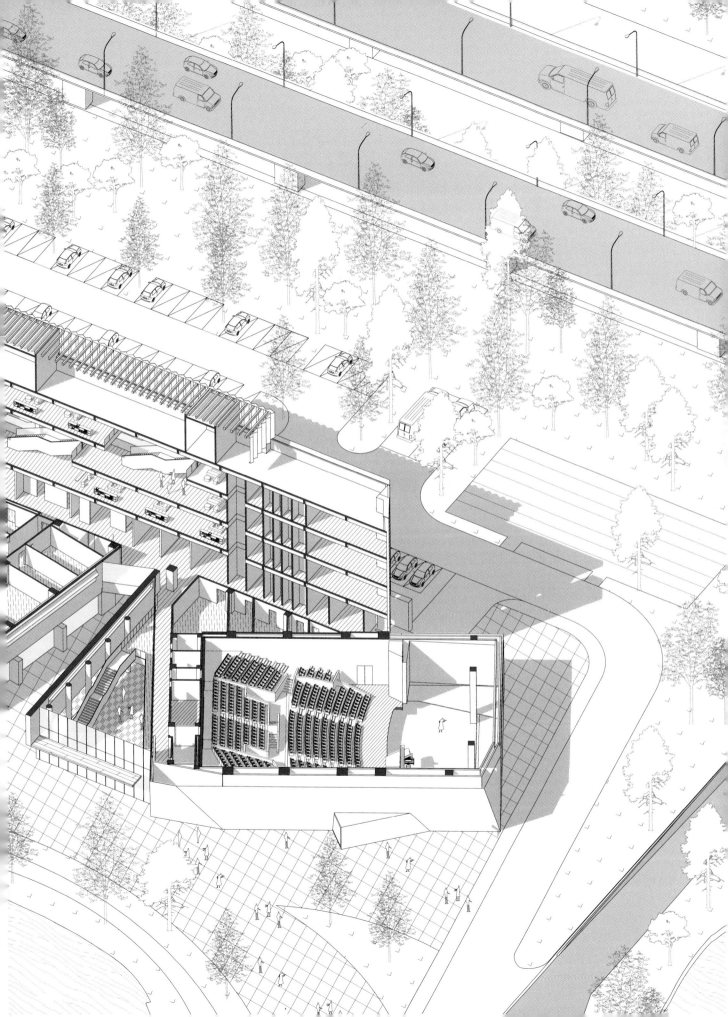

本页，上：西边庭；下：主门厅。对页：西侧总体鸟瞰图

主从空间

在两种不同的"边界"条件下，建筑的形态呼之欲出，形体简洁明朗而无过多矫饰。多样的功能空间在沿湖一侧井然有序地排布，最大化地利用湖面景观，与自然对话。南北向的功能用房获取了最佳的采光通风条件。西侧通过公共服务边庭整体串联，是高效便捷的垂直交通，也是共享交流的校园垂直社区。通过活动平台，屋顶庭院，及音乐厅等体量的置入，丰富底层建筑界面，塑造立体、开放、多层次的空间体系。

两种表情

建筑在东西侧呈现出不同的表情。一面硬朗，一面柔和；一面封闭，一面开放；一实一虚。

外立面以水泥纤维板和清水混凝土为主材，以质朴、素雅的质感表达交大浓厚的理性品性和务实求真的精神气。东侧通过大面的玻璃幕墙消解室内外的边界，建筑与景观互相渗透。片墙的形式语言强化了对湖景的开放性。西面的"实"与东面的"虚"形成对比，厚实的立面简洁拙朴而又富有力量感，斜四边形拼贴排布的纤维板构成丰富的立面"微表情"，建筑成为校园内一个新的标志。

设计重新塑造了校园新的边界，诠释了阻隔与开放、喧嚣与安静、界定与自由的意义，也重新定义了人工与自然、城市与校园的关系。

项目信息
INFORMATION OF SELECTED WORKS

中国电信通信指挥中心、中国移动通信指挥中心工程

项目地点　北京市
项目功能　办公建筑
建筑面积　11,600m²
设计年份　1995 年
竣工年份　2002 年
业主公司　中国电信集团公司
建筑团队　曾群　周建峰　张镇

P026

钓鱼台国宾馆芳菲苑

项目地点　北京市
项目功能　酒店建筑
建筑面积　22,500m²
设计年份　2000 年
竣工年份　2002 年
业主公司　钓鱼台国宾管理局
建筑团队　曾群　孙嘩　甘斌
书册图纸绘制　金昊吉　王博伦

东莞展示中心

项目地点　广东省东莞市
项目功能　文化建筑
建筑面积　26,397m²
设计年份　2001 年
竣工年份　2005 年
业主公司
建筑团队　曾群　孙嘩　林浩

中国银联信息处理中心项目

项目地点　上海市
项目功能　办公建筑
建筑面积　15,387m²
设计年份　2003 年
竣工年份　2004 年
业主公司　中国银联股份有限公司
建筑团队　曾群　文小琴　王英　张艳

P242

同济联合广场

项目地点　上海市
项目功能　城市综合体
建筑面积　120,105m²
设计年份　2004 年
竣工年份　2011 年
业主公司　同济大学
建筑团队　曾群　孙嘩　吴敏　孙逍遥　沈晖　徐天羽
书册图纸绘制　刘章悦

中国银联项目（二期工程）客户服务中心项目

项目地点　上海市
项目功能　办公建筑
建筑面积　20,696m²
设计年份　2004 年
竣工年份　2007 年
业主公司　中国银联股份有限公司
建筑团队　曾群　鲁欣华　王英　张艳

中国银联项目（二期工程）培训中心

项目地点　上海市
项目功能　办公建筑
建筑面积　30,825m²
设计年份　2004 年
竣工年份　2007 年
业主公司　中国银联股份有限公司
建筑团队　曾群　文小琴　王英　孟庆玲　张艳

交通银行数据处理中心

项目地点　上海市
项目功能　办公建筑
建筑面积　79,483m²
设计年份　2004 年
竣工年份　2006 年
业主公司　交通银行股份有限公司
建筑团队　曾群　文小琴　王英　顾英　孟庆玲　徐天羽

上海市公安局刑事侦查技术大楼

项目地点　上海市
项目功能　司法建筑
建筑面积　66,458m²
设计年份　2005 年
竣工年份　2008 年
业主公司　上海市公安局
建筑团队　曾群　孙晔　甘斌　鲁欣华　张艳　李凡

P302

同济大学电子与信息学院

项目地点　上海市
项目功能　教育建筑
建筑面积　29,969m²
设计年份　2005 年
竣工年份　2007 年
业主公司　同济大学
建筑团队　曾群　文小琴　陈大明　康月
书册图纸绘制　胡诚　王博伦

惠州市科技馆、博物馆项目

项目地点　广东省惠州市
项目功能　文化建筑
建筑面积　35,700m²
设计年份　2006 年
竣工年份　2009 年
业主公司　惠州市文化艺术中心、科技馆、博物馆工程建设指挥部
建筑团队　曾群　邹子敬　史岚岚　丰雷

惠州市文化艺术中心

项目地点　广东省惠州市
项目功能　文化建筑
建筑面积　39,000m²
设计年份　2006 年
竣工年份　2009 年
业主公司　惠州市文化艺术中心、科技馆、博物馆工程建设指挥部
建筑团队　曾群　陈大明　文小琴　鲁欣华　孟庆玲

P312

同济大学艺术与传媒学院

项目地点　上海市
项目功能　教育建筑
建筑面积　10,987m²
设计年份　2006 年
竣工年份　2008 年
业主公司　同济大学
建筑团队　曾群　文小琴　张艳　詹琍
书册图纸绘制　申鹏　胡诚

上海浦东嘉里中心

合作公司　KPF（方案设计）
项目地点　上海市
项目功能　城市综合体
建筑面积　345,200m²
设计年份　2007 年
竣工年份　2012 年
业主公司　上海浦东嘉里城房地产有限公司
建筑团队　曾群　顾英　James von Klemperer　Brian Chung

P096

2010 年上海世博会主题馆

项目地点　上海市
项目功能　文化建筑
建筑面积　152,318m²
设计年份　2007 年
竣工年份　2010 年
业主公司　上海世博（集团）有限公司
建筑团队　曾群　邹子敬　文小琴　丰雷　孙晔　鲁欣华　康月
　　　　　周亚军　王翔
书册图纸绘制　马忠

中国科学技术大学环境与资源楼项目

项目地点　安徽省合肥市
项目功能　教育建筑
建筑面积　39,354m²
设计年份　2007 年
竣工年份　2012 年
业主公司　中国科学技术大学
建筑团队　曾群　顾英　吴敏　周亚军

2010 年上海世博会英国国家馆

合作公司　Heatherwick Studio（方案设计）
项目地点　上海市
项目功能　文化建筑
建筑面积　6,000m²
设计年份　2008 年
竣工年份　2010 年
建筑团队　曾群　顾英　詹翔　韩佩齐

中国民生银行总部基地项目

项目地点　北京市
项目功能　办公建筑
建筑面积　129,615m²
设计年份　2008 年
竣工年份　2015 年
业主公司　中国民生银行股份有限公司
建筑团队　曾群　文小琴　刘亚军　吴敏　孙遇阔　李凡
　　　　　蔡国刚　张艳　王翔

巴士一汽停车库改造

项目地点　上海市
项目功能　办公建筑
建筑面积　65,237m²
设计年份　2009 年
竣工年份　2012 年
业主公司　同济大学
建筑团队　曾群　文小琴　吴敏　孙晔　陈康诠　张艳　王翔
书册图纸绘制　申鹏

广发金融中心

项目地点　广东省佛山市
项目功能　办公建筑
建筑面积　260,000m²
设计年份　2009 年
竣工年份　2015 年
业主公司　广东发展银行股份有限公司
建筑团队　曾群　孙晔　吴敏　陈康诠　文小琴　孙遇阔

国务院机关事务管理局第二招待所

项目地点　北京市
项目功能　酒店建筑
建筑面积　81,700m²
设计年份　2010 年
竣工年份　2015 年
业主公司　国务院机关事务管理局
建筑团队　曾群　康月　刘健　陈磊　熊子超　肖丽娜

诺华上海园区建设项目

合作公司　Diener&Diener Architekten　非常建筑
　　　　　家琨建筑设计事务所　标准营造
　　　　　Elemental 建筑事务所　Sergison Bates 建筑事务所
　　　　　隈研吾建筑事务所（方案设计）
项目地点　上海市
项目功能　办公建筑
建筑面积　193,033m²
设计年份　2010 年
竣工年份　2016 年
业主公司　诺华（中国）生物医学研究有限公司
建筑团队　曾群　顾英　沈晔　李凡　于潇　孙遇阔　韩佩齐
　　　　　熊子超

中国建设银行股份有限公司合肥生产基地建设项目

项目地点　安徽省合肥市
项目功能　办公建筑
建筑面积　209,187m²
设计年份　2010 年
竣工年份　2021 年
业主公司　中国建设银行股份有限公司安徽省分行
建筑团队　曾群　文小琴　魏君恒　陈果　周亚军　孙遇阔
　　　　　于英　王翔　张丹凤　邱彦文　方绍裳

长沙梅溪湖国际新城研发中心一期工程设计

项目地点　湖南省长沙市
项目功能　办公建筑
建筑面积　26,200m²
设计年份　2010 年
竣工年份　2013 年
业主公司　金茂投资（长沙）有限公司
建筑团队　曾群　陈康诠　汪颖　申鹏

交通银行数据处理中心（上海）三期新建项目

项目地点　上海市
项目功能　办公建筑
建筑面积　53,600m²
设计年份　2011 年
竣工年份　2015 年
业主公司　交通银行股份有限公司
建筑团队　曾群　王英　吴敏　邢佳蓓　陈旋

中国人民银行征信中心建设项目（一期）项目

项目地点　上海市
项目功能　办公建筑
建筑面积　79,420m²
设计年份　2011 年
竣工年份　2017 年
业主公司　中国人民银行征信中心
建筑团队　曾群　陈杲　王翔　吴敏　周亚军　陈磊　熊子超
　　　　　肖丽娜　李贺

无锡公安局

项目地点　江苏省无锡市
项目功能　办公建筑
建筑面积　121,829m²
设计年份　2011 年
竣工年份　2019 年
业主公司　无锡市太湖新城建设指挥部办公室
建筑团队　曾群　孙晔　文小琴　陈康诠　伍弦晋

交通银行金融服务中心（扬州）一期工程

项目地点　江苏省扬州市
项目功能　办公建筑
建筑面积　117,177m²
设计年份　2012 年
竣工年份　2017 年
业主公司　交通银行股份有限公司
建筑团队　曾群　周亚军　邱彦文　姚展华　王超　陈然
　　　　　徐霞鹏　孙阳阳

P286

上海棋院

项目地点　上海市
项目功能　文化建筑
建筑面积　12,715m²
设计年份　2012 年
竣工年份　2016 年
业主公司　上海棋院
建筑团队　曾群　吴敏　汪颖　李荣荣

P132

长沙国际会展中心

项目地点　湖南省长沙市
项目功能　文化建筑
建筑面积　44,500m²
设计年份　2012 年
竣工年份　2017 年
业主公司　长沙城投国际会展中心投资开发有限责任公司
　　　　　湖南长沙会展中心投资有限责任公司
建筑团队　曾群　文小琴　陈康诠　刘健　杨灵运　方尔清
　　　　　熊志丹　王国宇　于潇　韩飒菁　邢佳蓓　张拓
　　　　　熊子超　杨旭
书册图纸绘制　马忠　张震

国家电网公司客户服务中心北方基地项目

项目地点　天津市
项目功能　办公建筑
建筑面积　143,290m²
设计年份　2012 年
竣工年份　2015 年
业主公司　天津市电力公司客服北方基地建设分公司
建筑团队　曾群　陈杲　任少峰　辛凯庆　申鹏　张拓　尹阳
　　　　　肖丽娜　熊子超

P080

西岸瓷堂

项目地点　上海市
项目功能　文化建筑
建筑面积　346m²
设计年份　2013 年
竣工年份　2013 年
业主公司　上海西岸开发（集团）有限公司
建筑团队　曾群　王方戟　吴敏　曾毅　谢一轩　肖潆　马海韵
书册图纸绘制　曾毅

P190

苏州实验中学

项目地点　江苏省苏州市
项目功能　教育建筑
建筑面积　62,487m²
设计年份　2013 年
竣工年份　2016 年
业主公司　江苏省苏州实验中学
建筑团队　曾群　文小琴　李荣荣　汪颖　张艳　余子碧
　　　　　李海旭　高山　邓婷
书册图纸绘制　金昊吉　王博伦

 P166

上海前滩太古里商业项目

合作公司	5+design（方案设计）
	梁黄顾建筑师（香港）事务所有限公司
项目地点	上海市
项目功能	城市综合体
建筑面积	200,467m²
设计年份	2013 年
业主公司	上海前滩实业发展有限公司
建筑团队	曾群 康月 陈磊 张森 王湛 何彬 邱彦文
	王国宇 王新蕊 李贸 尹明

前滩中心 25-02 办公楼、酒店项目

合作公司	KPF（方案设计）
项目地点	上海市
项目功能	城市综合体
建筑面积	285,040m²
设计年份	2014 年
竣工年份	2021 年
业主公司	上海前滩实业发展有限公司
建筑团队	曾群 孙峤 赵晓薇 钱文华 佘子碧 张丹
	顾一蝶 陈昱君 张吉喆 李海旭 邓婷

上海吴淞口国际邮轮港客运站

项目地点	上海市
项目功能	交通建筑
建筑面积	55,408m²
设计年份	2015 年
竣工年份	2019 年
业主公司	上海吴淞口国际邮轮港发展有限公司
建筑团队	曾群 吴敏 康月 曾毅 方尔青 熊子超 陈磊
书册图纸绘制	曾毅

P152

P112

P042

佛山潭洲国际会展中心

项目地点	广东省佛山市
项目功能	文化建筑
建筑面积	115,346m²
设计年份	2015 年
竣工年份	2017 年
业主公司	佛山市顺德区发展规划和统计局
建筑团队	曾群 文小琴 刘健 杨灵运 吕俊超
书册图纸绘制	胡诚 马忠

郑州美术馆新馆、档案史志馆

项目地点	河南省郑州市
项目功能	文化建筑
建筑面积	96,775m²
设计年份	2015 年
竣工年份	2020 年
业主公司	郑州市建设投资集团有限公司
建筑团队	曾群 文小琴 陈康诠 杨旭 王国宇 邢佳蓓
	孙嘉秋 杨灵运 伍弦智 雷宇 杨玉蒨
书册图纸绘制	杨旭 孙小凡 徐静仪 张宇

马家浜文化博物馆

项目地点	浙江省嘉兴市
项目功能	文化建筑
建筑面积	7,840m²
设计年份	2015 年
竣工年份	2020 年
业主公司	嘉兴市文化广电新闻出版局
建筑团队	曾群 吴敏 李荣荣 陈伟鹏 冯莞尧 孙嘉秋 马忠
书册图纸绘制	张霆 刘章悦 徐静仪

P208

兴业银行大厦

项目地点	广西壮族自治区南宁市
项目功能	办公建筑
建筑面积	66,286m²
设计年份	2016 年
竣工年份	2020 年
业主公司	中铁建设集团有限公司南宁分公司
建筑团队	曾群 赖君恒 韩佩菁 马天冬 伍弦智 雷宇
	吴诗静 冷泉

苏州高新区实验幼儿园御园分园

合作公司	中铁华铁工程设计集团有限公司（施工图设计）
项目地点	江苏省苏州市
项目功能	教育建筑
建筑面积	13,123m²
设计年份	2017 年
竣工年份	2018 年
业主公司	苏州国家高新技术产业开发区狮山街道办事处
建筑团队	曾群 赖君恒 邢佳蓓 韩佩菁 吕梦蒨 吴诗静

杭州江南单元小学及幼儿园

项目地点	浙江省杭州市
项目功能	教育建筑
建筑面积	56,999m²
设计年份	2017 年
竣工年份	2021 年
业主公司	杭州市滨江区教育局
建筑团队	曾群 文小琴 杨旭 李纯阳 邱彦文 何彬
	刘益炜 肖丽娜 张淼 于永平 颜天缘
书册图纸绘制	杨旭 乔小容

同济大学上海国际设计创新学院

项目地点　上海市
项目功能　教育建筑
建筑面积　62,089m²
设计年份　2017 年
业主公司　同济大学、上海环同济设计创意集聚区开发建设有限公司
建筑团队　曾群　刘健　王姗　史沛鑫　于永平
书册图纸绘制　刘健　孙朤

上海智慧岛数据产业园改造设计

项目地点　上海市
项目功能　酒店建筑、住宅建筑
建筑面积　酒店：33,374m²，住宅：25,681m²
设计年份　2017 年
竣工年份　2021 年
业主公司　上海智慧岛建设发展有限公司
建筑团队　曾群　文小琴　李荣荣　殷悦　解天缘　罗腾杰　任少锋　史华熙　冯嫱尧　陈果　辛胤庆　陈觉碧　牟娜莎

杭州市滨江区浦乐单元小学项目

项目地点　浙江省杭州市
项目功能　教育建筑
建筑面积　52,386m²
设计年份　2018 年
竣工年份　2022 年
业主公司　杭州市滨江区教育局
建筑团队　曾群　文小琴　李纯阳　李荣荣　杨旭　罗腾杰

上海交通大学智能大楼

项目地点　上海市
项目功能　教育建筑
建筑面积　40,181m²
设计年份　2018 年
竣工年份　2023 年
业主公司　上海交通大学
建筑团队　曾群　文小琴　杨旭　李荣荣　杨玉璐　蘧艳姣　张占欧
书册图纸绘制　杨旭　杨涵　潘裕铭

深圳光明科学城启动区

项目地点　广东省深圳市
项目功能　办公建筑
建筑面积　231,212m²
设计年份　2018 年
竣工年份　2023 年
业主公司　深圳市光明区发展和财政局
建筑团队　曾群　文小琴　陈康诠　邢佳蓓　李纯阳　顾鹏　崔满　汪歌缓　陶思远　伍弦智　张占欧　吴诗静　刘聪　钟江峰　李彤
书册图纸绘制　李纯阳　潘一峰

绍兴国际会展中心一期 B 区工程

合作公司　AUBE CONCEPTION（方案设计）
项目地点　浙江省绍兴市
项目功能　文化建筑
建筑面积　174,776m²
设计年份　2018 年
竣工年份　2022 年
业主公司　绍兴市柯桥区体育中心投资开发经营有限公司
建筑团队　曾群　丰웹　王翔　刘军明　陶潇蓝　余翔　程纬瑜　林恺怡　崔丽　赵子肇　张弥泓　任培文　邹智乐　周若兰　李泰琳　陈亚楠　宋扬帆　吴韵诗　姚晟华　陈贡　张鑒培

大寨博物馆

项目地点　山西省晋中市
项目功能　文化建筑
建筑面积　10,600m²
设计年份　2019 年
业主公司　昔阳县文化和旅游局
建筑团队　曾群　文小琴　李纯阳　顾鹏　陈世豪
书册图纸绘制　李纯阳　徐静仪　张宇

上海交通大学学生服务中心

项目地点　上海市
项目功能　教育建筑
建筑面积　24,460m²
设计年份　2019 年
业主公司　上海交通大学
建筑团队　曾群　吴敏　李荣荣　解天缘　杨玉璐
书册图纸绘制　解天缘　张震　徐静仪

左权莲花岩民歌汇剧场

项目地点　山西省晋中市
项目功能　文化建筑
建筑面积　6,000m²
设计年份　2020 年
竣工年份　2020 年
业主公司　左权华道文化旅游开发有限公司
建筑团队　曾群　文小琴　曾毅
书册图纸绘制　曾毅　杨书涵

P326

苏州山峰双语学校 / 苏州山峰幼儿园

合作公司	OPEN Architecture（校园文体中心）
项目地点	江苏省苏州市
项目功能	教育建筑
建筑面积	学校：59,086m²/幼儿园：9,799m²
设计年份	2020 年
竣工年份	2022 年
业主公司	山峰教育集团
建筑团队	中小学：曾群　文小琴　李纯阳　钱文华　孙桢 唐荣浩　顾一蝶　幼儿园：曾群　文小琴　罗腾杰 钱文华　赵玥　马圣杰　袁毅
书册图纸绘制	李纯阳　潘一峰　罗骏杰

同济大学上海自主智能无人系统科学中心

项目地点	上海市
项目功能	办公建筑
建筑面积	127,575m²
设计年份	2020 年
业主公司	同济大学
建筑团队	曾群　吴敏　王翔　周若兰　杨玉函　童艳姣　杨旭 张靖琪　陈亚楠　李恭琳　任培文　姚晟华　黄兰琴 陈页

青岛耶胡迪·梅纽因学校及音乐艺术中心

项目地点	山东省青岛市
项目功能	教育建筑
建筑面积	70,645.1m²
设计年份	2020 年
竣工年份	2022 年（学校）
业主公司	青岛城市建设集团股份有限公司
建筑团队	曾群　赖起恒　伍兹智　邢佳蓓　马忠　雷宇　杨竞 陶思远　吕梦菡　林阳

苏州河工业文明展示馆改造项目

项目地点	上海市普陀区
项目功能	文化建筑
建筑面积	1,919.22m²
设计年份	2020 年
竣工年份	2022 年
业主公司	上海长风生态商务区投资发展有限公司
建筑团队	曾群　马天冬　吕梦菡　祝圣旭　刘培培

中国第二历史档案馆新馆

项目地点	江苏省南京市
项目功能	文化建筑
建筑面积	88,752m²
设计年份	2020 年
竣工年份	2023 年
业主公司	中共中央直属机关工程建设服务中心
建筑团队	郑时龄　曾群　文小琴　杨旭　姚晟华　刘章悦 孙少白　余翔　张弥弘

嘉兴市委党校迁建

项目地点	浙江省嘉兴市
项目功能	教育建筑
建筑面积	140,773m²
设计年份	2020 年
业主公司	嘉兴市委党校
建筑团队	曾群　吴敏　李荣荣　钱文华　殷悦　顾鹏 乔映荷　罗滕杰　吴吴阳　袁毅　磺一蝶　唐荣浩 王思梦　刘佳宁　陈希

前滩媒体城

项目地点	上海市
项目功能	办公建筑
建筑面积	144,000m²
设计年份	2020 年
竣工年份	2023 年
业主公司	上海江浣投资有限公司
建筑团队	曾群　张艳　刘健　申鹏　张丙德　束逸天　方昱 赵季琛　周若兰　陈亚楠　陈希　任培文　韦柳熹 李恭琳

上海陆家嘴御桥科创园

项目地点	上海市
项目功能	办公建筑，住宅建筑
建筑面积	249,946m²
设计年份	2020 年
业主公司	上海陆家嘴（集团）有限公司
建筑团队	曾群　吴敏　陈康途　韩佩青　曾毅　顾鹏　崔潇 高婷　胡蝶　吴吴阳　祝圣旭　杨斌　李彤

太平小镇·芙蓉人家

项目地点	四川省成都市
项目功能	养老建筑
建筑面积	264,472m²
设计年份	2020 年
业主公司	太平养老健康服务（成都）有限公司
建筑团队	曾群　陈果　赵晓萍　辛瓶庆　刘伊洁　任少峰 唐荣浩　赵玥　冯灏　张吉喆　王思梦　宋文轩 陶思远　杨玉函　孙少白

泉州台商投资区海丝中心项目

项目地点　福建省泉州市
项目功能　办公建筑
建筑面积　68,577m²
设计年份　2020 年
业主公司　泉州台商投资区海丝资产运营有限公司
建筑团队　郑时龄　曾群　陈果　辛瑞庆　任少峰　孙桢
　　　　　潘文典　朱珙珙　任倩玉

上海交通大学材料创新大楼

项目地点　上海市
项目功能　教育建筑
建筑面积　36,000m²
设计年份　2021 年
业主公司　上海交通大学
建筑团队　曾群　陈康诠　伍弦智　祝圣旭　冉忠　薛原　陈顶
　　　　　李彤

深圳龙岗区河包围九年一贯制学校

项目地点　深圳市龙岗区
项目功能　教育建筑
建筑面积　53,680.6m²
设计年份　2022 年
业主公司　深圳市龙岗区建筑工务署
建筑团队　曾群　文小琴　李纯阳　李荣荣　罗腾杰　杨玉晴

上海交通大学闵行校区健康创新大楼

项目地点　上海市
项目功能　教育建筑
建筑面积　42,999m²
设计年份　2022 年
业主公司　上海交通大学
建筑团队　曾群　吴敏　杨旭　李荣荣　杨玉满　乔小容
　　　　　吴昊阳　解天缘

国家电网能源互联网产业雄安创新中心

合作公司　南瑞电力设计有限公司（电力设计）
项目地点　河北省雄安新区
项目功能　办公建筑
建筑面积　197,624m²
设计年份　2022 年
业主公司　国网电易数字科技（雄安）有限公司
建筑团队　曾群　陈果　辛瑞庆　钱文华　胡妙　张吉喆　冯灏
　　　　　赵玥　刘佳宇　徐渭清　李梦瑶　王佩璇

博鳌乐城先行区医工转换平台

项目地点　海南博鳌乐城
项目功能　实验建筑
建筑面积　142,000m²
设计年份　2022 年
业主公司　海南博鳌乐城国际医疗旅游先行区管理局
建筑团队　曾群　赖君恒　程骏　姚晟华　吕梦喆　翁子建
　　　　　祖诗琪　朱达轩　朱静煜　尹建伟　陈诗韵

油墩港项目：辰花路桥 + 三湾桥

项目地点　上海市
项目功能　市政设施
设计年份　2022 年
建筑团队　曾群　吴敏　曾毅　徐若云

上海轨道交通市域线机场联络线工程华泾站、度假区站附属建筑

项目地点　上海市
项目功能　地铁出地面设施
建筑面积　6,874m²
设计年份　2023 年
业主公司　上海申铁投资有限公司
建筑团队　曾群　吴敏　李荣荣　胡波　孙小凡　缪雪旸

上海无人系统多体协同重大科技基础设施

项目地点　上海市
项目功能　教育建筑
建筑面积　236,400m²
设计年份　2023 年
业主公司　同济大学
建筑团队　曾群　刘健　王姗　方昱　何悦　罗道亨

附录 2　　APPENDIX 2

获奖信息
INFORMATION OF AWARDS

钓鱼台国宾馆芳菲苑

2002　　第二届上海国际青年建筑师设计作品展二等奖
2003　　教育部优秀勘察设计建筑设计一等奖
2004　　第三届中国建筑学会建筑创作奖优秀奖
2005　　BCI2005 亚洲建筑十佳设计
2009　　中国建筑学会建筑创作大奖（1949-2009）

中国电信通信指挥中心、中国移动通信指挥中心

2003　　上海市优秀工程设计二等奖
　　　　中国建筑艺术奖公共建筑类社会贡献奖
　　　　国家优质工程银质奖

中国银联信息处理中心

2005　　上海市优秀工程设计一等奖
　　　　部级优秀勘察设计二等奖
2006　　全国优秀工程设计铜奖
　　　　第一届上海市建筑学会建筑创作奖佳作奖

中国科技大学基础科学教学实验中心

2005　　教育部优秀建筑设计三等奖

江西艺术中心

2006　　第五届上海国际青年建筑师作品展方案类二等奖

东莞展示中心

2007　　教育部优秀建筑设计二等奖
2008　　全国优秀工程勘察设计行业奖建筑工程二等奖

交通银行数据处理中心

2007　　上海市优秀工程设计二等奖
2008　　全国优秀工程勘察设计行业奖建筑工程三等奖

同济大学电子与信息信学院

2008　　第五届中国建筑学会建筑创作佳作奖
2011　　全国优秀工程勘察设计行业奖建筑工程二等奖
　　　　上海市优秀工程设计一等奖

上海市公安局刑事侦查技术大楼

2009　　全国优秀工程勘察设计行业奖建筑工程三等奖
　　　　上海市优秀工程设计二等奖

中国银联项目（二期工程）客户服务中心

2009　　全国优秀工程勘察设计行业奖建筑工程三等奖
　　　　上海市优秀工程设计二等奖

中国银联项目（二期工程）培训中心

2009　　全国优秀工程勘察设计奖建筑工程三等奖
　　　　上海市优秀工程设计二等奖

惠州市科技馆、博物馆

2009　　教育部优秀建筑设计三等奖
　　　　第三届上海建筑学会建筑创作奖佳作奖

惠州市文化艺术中心

2009　　第三届上海建筑学会建筑创作奖优秀奖

2010 年上海世博会主题馆

2011	全国优秀工程勘察设计行业奖建筑工程一等奖
	上海市优秀工程设计一等奖
	第六届中国建筑学会建筑创作优秀奖
	第十届中国土木工程詹天佑奖
	第三届上海市建筑学会建筑创作奖优秀奖
	上海市科技进步奖三等奖
	国家能源科技进步奖二等奖
2013	香港建筑师学会两岸四地建筑设计大奖优异奖
2019	中国建筑学会建筑设计奖 - 建筑创作大奖（2009-2019）
2021	上海市勘察设计行业庆祝建党 100 周年变革——"百年 · 百事 · 百人"纪念

同济大学艺术与传媒学院

2011	第六届中国建筑学会建筑创作佳作奖
	第四届上海市建筑学会建筑创作奖佳作奖
	全国优秀工程勘察设计行业奖建筑工程三等奖
	教育部优秀建筑工程设计二等奖
2015	香港建筑师学会两岸四地建筑设计论坛及大奖卓越奖

2010 年上海世博会英国国家馆

2011	上海市优秀工程设计一等奖

巴士一汽停车库改造

2012	上海市青年建筑设计师"金创奖"创意大赛一等奖
2013	上海市优秀工程设计一等奖
	香港建筑师学会两岸四地建筑设计大奖金奖
	入选首届中国设计大展
	全国优秀工程勘察设计行业奖建筑工程公建一等奖
2014	中国建筑学会建筑创作奖金奖（建筑保护与再利用类）
2015	中国建筑设计奖（建筑创作）

上海当代艺术博物馆

2012	上海市优秀工程咨询成果一等奖

上海棋院

2013	第五届上海市建筑学会建筑创作奖佳作奖
2017	第九届中国威海国际建筑设计大奖铜奖
2019	上海市优秀工程勘察设计一等奖
	香港建筑师学会两岸四地建筑设计论坛及大奖优异奖
	行业优秀勘察设计奖 优秀（公共）建筑设计二等奖

交通银行数据处理中心（上海）（三期）

2013	浦东新区建设工程设计质量综合优秀奖
2016	国家优质工程奖突出贡献者荣誉称号

上海浦东嘉里中心（A-04 地块）

2013	全国优秀工程勘察设计行业奖建筑工程公建二等奖
	上海市优秀工程设计一等奖

同济大厦 A 楼

2013	全国优秀工程勘察设计行业奖建筑工程公建二等奖
	教育部优秀建筑工程设计二等奖

中国科学技术大学环境与资源楼

2013	上海市优秀工程设计二等奖

中国人民银行征信中心建设项目（一期）

2013	第五届上海市建筑学会建筑创作奖佳作奖

上海国际设计中心

2013   上海市优秀工程设计三等奖

植物墙建筑一体化

2013   上海市科技进步奖三等奖

西岸 2013 建筑与当代艺术展

2015   上海市建筑学会第六届建筑创作奖优秀奖

苏州实验中学

2016   中国建筑学会建筑创作奖入围项目（公共建筑类）
2017   上海市优秀工程设计二等奖
            第七届上海市建筑学会建筑创作奖优秀奖
2019   行业优秀勘察设计奖 优秀（公共）建筑设计一等奖

郑州美术馆新馆、档案史志馆

2017   第九届中国威海国际建筑设计大奖优秀奖
2020   苏州市城乡建设系统优秀勘察设计（建筑工程设计—民用建筑）三等奖
2021   河南省工程建设优质工程
            行业优秀勘察设计奖 建筑设计 二等奖
            第九届上海市建筑学会建筑创作奖 佳作奖

佛山潭洲国际会展中心

2017   上海市建筑学会第七届建筑创作奖佳作奖
2019   行业优秀勘察设计奖 优秀（公共）建筑设计二等奖
            广东省优秀工程勘察设计奖二等奖
            （公建、住宅等）佛山市优秀工程设计一等奖

研发中心（中国银联三期）

2017   上海市优秀工程设计二等奖
            上海市建筑学会第七届建筑创作奖佳作奖

上投大厦整体修缮

2017   上海市优秀工程设计三等奖
            香港建筑师学会两岸四地建筑设计大奖提名奖

佛山国际会展中心建筑方案设计及周边地块城市设计

2017   上海市建筑学会建筑创作奖城市设计类提名奖

中国民生银行总部基地

2017   上海市优秀工程设计三等奖

长沙国际会展中心

2019   行业优秀勘察设计奖 优秀（公共）建筑设计一等奖
            上海市建筑学会第八届建筑创作奖优秀奖
            上海市优秀工程勘察设计一等奖
            香港建筑师学会两岸四地建筑设计论坛及大奖金奖
2021   2019-2020 建筑设计奖公共建筑一等奖

苏州高新区实验幼儿园御园分园

2019   上海市建筑学会第八届建筑创作奖优秀奖
2020   上海市优秀工程勘察设计奖 优秀建筑工程设计一等奖

上海吴淞口国际邮轮港客运站

2019   上海市建筑学会第八届建筑创作奖佳作奖

长沙梅溪湖国际新城研发中心一期

2019　　上海市建筑学会第八届建筑创作奖佳作奖

苏州高新区狮山街道向阳路片城市设计

2019　　上海市优秀城乡规划设计奖（城市规划类）三等奖

广发金融中心

2020　　上海市优秀工程勘察设计奖 优秀建筑工程设计 二等奖

浙江兰溪赤山湖旅游度假区启动区

2020　　上海市优秀工程勘察设计奖 园林和景观设计 二等奖

交通银行金融服务中心（上海）一期工程

2020　　上海市优秀工程勘察设计奖优秀建筑工程设计 一等奖

交通银行金融服务中心（扬州）一期工程

2020　　浙江省第十九届优秀工程设计三等奖

马家浜文化博物馆

2021　　上海市优秀工程勘察设计奖优秀建筑工程设计 一等奖
　　　　行业优秀勘察设计奖 建筑设计 二等奖
　　　　第九届上海市建筑学会建筑创作奖 优秀奖

兴业银行大厦

2021　　上海市优秀工程勘察设计奖优秀建筑工程设计 二等奖

左权莲花岩民歌汇剧场

2021　　第九届上海市建筑学会建筑创作奖 佳作奖

智慧岛数据产业园单位租赁房

2022　　上海市优秀工程勘察设计奖 优秀住宅与住宅小区二等奖

附录 3   APPENDIX 3

论文信息
INFORMATION OF ESSAYS

附录 4　　APPENDIX 4

图片版权
CREDITS FOR PHOTOGRAPHS

钓鱼台国宾馆芳菲苑
摄影师（除下面注明外）：同济大学建筑设计研究院（集团）有限公司
摄影师：傅兴，P026-027

马家浜文化博物馆
摄影师：章勇

左权莲花岩民歌汇剧场
摄影师：曾毅

西岸瓷堂
摄影师（除下面注明外）：王远
摄影师：吕恒中，P085；张大齐，P086；崔潇，P087

2010 年上海世博会主题馆
摄影师（除下面注明外）：邵峰
摄影师：SS 摄影写真株式会，P096-097；尹明，P102-103

郑州美术馆新馆、档案史志馆
摄影师：苏圣亮

长沙国际会展中心
摄影师：邵峰

佛山潭洲国际会展中心
摄影师：邵峰

上海吴淞口国际邮轮港客运站
摄影师：邵峰

苏州实验中学
摄影师：章勇

杭州江南单元小学及幼儿园
摄影师（除下面注明外）：尹明
摄影师：苏圣亮，P210-211、P214-215、P216 上

深圳光明科学城启动区
摄影师：张超

同济联合广场
摄影师（除下面注明外）：尹明
摄影师：张嗣烨，P247 下、P248

巴士一汽停车库改造
摄影师（除下面注明外）：走出直道
摄影师：吕恒中，P250-251、P256-257 上、P262-263、P264 左上；张嗣烨，P256 下、P260 下、P264 右上、P264 左下、下中；尹明，P257 上

同济大学上海国际设计创新学院
摄影师：苏圣亮，P275 上、P275 右下；尹明，P275 左下

寄所
摄影师：曾毅

上海棋院
摄影师：章勇

同济大学电子与信息信学院
摄影师：张嗣烨

苏州山峰双语学校 / 苏州山峰幼儿园
摄影师（除下面注明外）：苏圣亮
摄影师：李纯阳，P337 右上；陈昱君，P345 右下、P348；业主，P349

作者简介
ABOUT THE AUTHOR

曾群 Zeng Qun

同济大学建筑设计研究院（集团）有限公司副总裁，集团总建筑师，教授级高级工程师，国家一级注册建筑师，英国皇家建筑师协会 RIBA 特许会员，分别于 1989 年、1993 年于同济大学获建筑学学士和建筑学硕士学位，兼任同济大学建筑城规学院硕士生导师及客座评委，中国 APEC 建筑师，中国建筑学会资深会员。

曾获上海市青年建筑师金奖、上海市建设功臣、上海杰出中青年建筑师、上海勘察设计之星、中国建筑传媒奖提名、首届香港建筑师学会两岸四地建筑设计金奖及优异奖、台湾远东奖提名奖，并多次获国家及省部级建筑设计奖。作品参加过香港 / 深圳城市建筑双年展，意大利米兰三年展，威尼斯双年展、中国设计大展，上海西岸双年展等展览。

主持设计有数十项不同类型作品，包括文化、教育、会展、商业、城市更新等多种类型，既涉及大型公共建筑，也探索小型实验类项目，代表作有钓鱼台国宾馆芳菲苑、中国银联研发中心、同济大学传媒学院、2010 年上海世博会主题馆、巴士一汽停车库改造——同济设计院办公楼、上海棋院、长沙国际会展中心、郑州美术馆、上海吴淞口国际邮轮港客运站、西岸瓷堂等。著作有《曾群作品集》、《空间再生》等。

图书在版编目（CIP）数据

开明设计/曾群著.— 北京：中国建筑工业出版社，2023.5
ISBN 978-7-112-28696-6

Ⅰ.①开… Ⅱ.①曾… Ⅲ.①建筑设计 Ⅳ.①TU2

中国国家版本馆CIP数据核字(2023)第080723号

总 策 划：马卫东
统筹策划：文小琴 杨 旭 曾 毅
内容制作：完 颖 吴瑞香
责任编辑：毕凤鸣
责任校对：李辰馨
书籍设计：文筑国际

开明设计

曾 群 著

*
中国建筑工业出版社出版、发行（北京海淀三里河路9号）
各地新华书店、建筑书店经销
北京富诚彩色印刷有限公司印刷
*
开本：880毫米×1230毫米 1/16 印张：24 字数：627千字
2023年5月第一版 2023年5月第一次印刷
定价：276.00元
ISBN 978-7-112-28696-6
（41139）